力学实验指导书

南昌航空大学力学教研部　编著

北京航空航天大学出版社

图书在版编目(CIP)数据

力学实验指导书 / 南昌航空大学力学教研部编著
. -- 北京 : 北京航空航天大学出版社, 2016.1
ISBN 978-7-5124-1977-3

Ⅰ. ①力… Ⅱ. ①南… Ⅲ. ①力学—实验—高等学校—教学参考资料 Ⅳ. ①O3-33

中国版本图书馆 CIP 数据核字(2015)第 300919 号

力学实验指导书

南昌航空大学力学教研部　编著

责任编辑　宋淑娟

*

北京航空航天大学出版社出版发行

北京市海淀区学院路 37 号(邮编 100191)　http://www.buaapress.com.cn

发行部电话:(010)82317024　传真:(010)82328026

读者信箱: bhpress@263.net　邮购电话:(010)82316936

北京建宏印刷有限公司印装　各地书店经销

*

开本:787×1 092　1/16　印张:4.5　字数:115 千字

2016 年 1 月第 1 版　2026 年 1 月第 12 次印刷

ISBN 978-7-5124-1977-3　定价:18.00 元

前　言

根据《高等学校理工科非力学专业力学基础课程教学基本要求》中关于力学实验的有关要求，编者总结多年来试验课程的教学经验，结合新颁布的金属材料力学性能的相关国家标准及南昌航空大学开设的基础力学课程中力学实验内容和实验仪器设备情况编写了本书。

力学实验是材料力学等基础力学课程的重要组成部分。材料力学等课程中的一些理论和公式是建立在实验、观察、推理、假设的基础上，而它们的正确性还必须由实验来验证。学生通过做实验，用理论来解释、分析实验结果，又以实验结果来证明理论，互相印证，以达到巩固理论知识和学会实验方法的双重目的。它不仅有助于学生深入理解并掌握课程的基本理论，更重要的是能够提高学生的动手能力，培养学生的创新精神。

本书包含金属材料的拉伸和压缩实验、低碳钢拉伸时弹性模量 E 值的测定、圆轴扭转时材料剪切弹性常数 G 值的测定、静态电阻应变仪操作及应变片组桥实验、纯弯曲梁正应力及泊松比 μ 的测定、弯曲变形测量实验、弯扭组合梁主应力大小及方向的测定、弯扭组合梁变形时内力素的测定、压杆稳定实验、冲击实验、光弹性认识实验、疲劳裂纹的预制、平面应变断裂韧度 K_{IC} 的测定、高次超静定钢架的应变测试及应力分析实验等试验项目。

本书由南昌航空大学力学教研部教师共同编写，在编写过程中参阅了众多国内外公开出版和网上发行的相关资料，特此说明，并向原作者表示衷心感谢。

限于编者水平，本书难免有缺点和不妥之处，恳请各位专家、同仁和广大读者批评指正。

编　者

2015 年 10 月

目　录

第 1 章　实验设备介绍

1.1　WDW－50 微机控制电子万能试验机介绍

1.1.1　主要用途与适用范围

WDW－50 微机控制电子万能试验机广泛用于对金属，特别是有色金属及非金属的拉伸、压缩、弯曲、剪切等力学性能的检测。每个同学必须熟读试验机的操作说明，然后才能在该试验机上完成以下内容：

① 拉伸实验；

② 拉伸弹性模量 E 值的测定；

③ 压缩实验；

④ 纯弯曲正应力的测定；

⑤ 横向应变系数(泊松比)μ 值的测定；

⑥ 三点弯曲挠度的测定；

⑦ 弯扭组合下主应力的测定；

⑧ 高次超静定钢架的应力应变测定；

⑨ 压杆稳定临界力及位移的测定。

可以说，材料力学和工程力学实验的 80％是在该机上完成的，希望同学们严格按照操作规则执行。

1.1.2　性能特点

该试验机具有载荷、变形、位移三种闭环控制方式，可以根据自己的需要设置试验进程和试验过程各阶段的控制模式。在实验教学过程中，实验项目①、②、③可以采用位移控制方式进行加载，实验项目④、⑤、⑥、⑦、⑧可以在编程后对试验机进行自动加载，实验项目⑨可以采用位移或载荷的自动控制方式。

1.1.3　主要技术参数和技术指标

1. 主　机

最大试验力：50 kN；

试验空间宽度：570 mm；

拉伸与压缩均在下空间但需更换模夹具。

2. 调速系统

调速范围：0.005～500 mm/min；
速度精度：±1%；
注意：金属材料试验时的调速范围不得超过 5 mm/min。

1.1.4 构造特征与工作原理

1. 试验机外观结构

试验机的外观结构如图 1-1 所示。主机与辅具构成试验机的机械部分。主机工作台下的电机、减速器和交流伺服系统构成动力驱动系统。多功能测量控制卡、PC 机和打印机构成试验机的控制与数据处理系统。

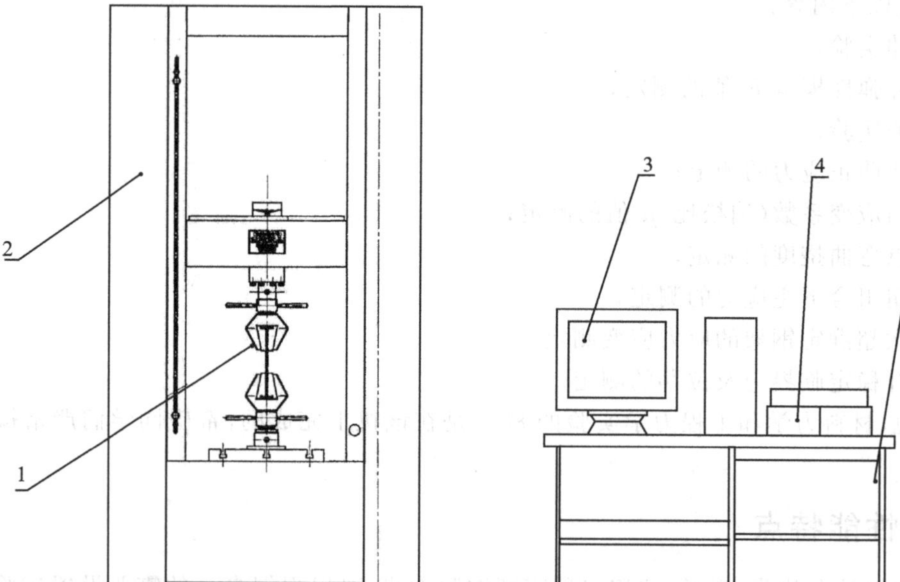

1—拉伸辅具；2—主机；3—计算机；4—打印机；5—计算机桌

图 1-1　试验机外观结构

2. 工作原理

(1) 主机部分

试验机主机部分如图 1-2 所示。四根导向立柱、上横梁、工作台组成门式框架，滚珠丝杠副驱动中横梁，带动拉伸辅具（或压缩、弯曲等辅具）上下移动，实现试样的加荷。

该结构可保证机架有足够的刚度，同时实现高效、平稳的传动。丝杠与丝母之间有消除间隙的结构，提高了整机的传动精度。

(2) 信号测量与传递

试验力通过与辅具上部连为一体的负荷传感器进行测量，试样变形量通过夹在试样上的引伸计测量，横梁位移通过光电编码器测量。三路信号经多功能测量控制卡实现试验数据的采集、标度变换、处理和屏幕显示。根据试验要求，控制系统运算后得到控制信号，再经调速系统放大后驱动伺服电机，按照控制系统确定的控制目标运动至试验完成。

（3）数据处理

PC 机系统采集的数据一方面进行屏幕显示，另一方面保存在计算机内存中。试验完成后可以进入数据处理，处理结果可以打印，也可以 ASCII 文件的形式保存在硬盘中，以便以后进行再分析和网络操作。（详细操作见试验机使用说明书中的《软件使用手册》）

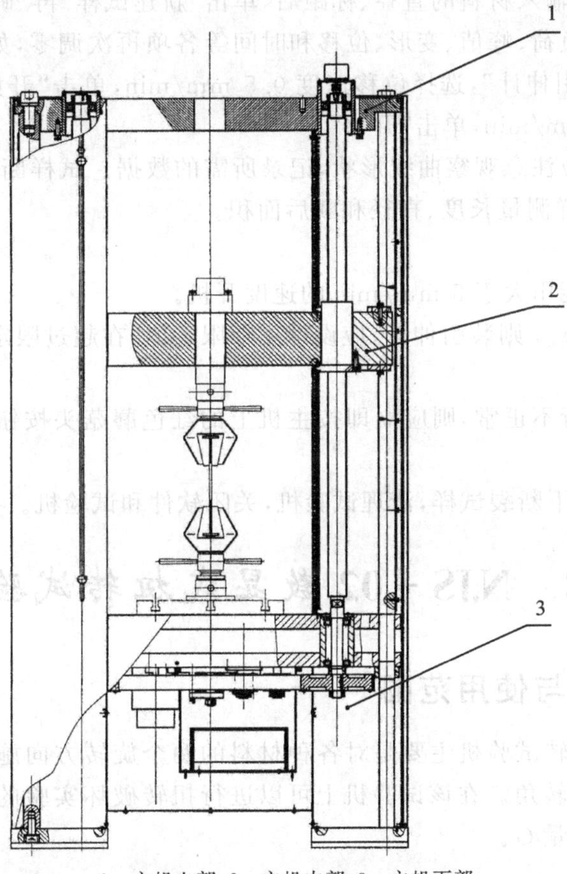

1—主机上部；2—主机中部；3—主机下部

图 1-2　万能试验机主机部分

1.1.5　操作步骤及注意事项(以拉伸试验为例)

操作步骤：

① 通电依次打开计算机与显示器、变压器，按下主机外罩的“复位”按钮启动试验机，预热 15 min 以上。

② 双击计算机桌面上的图标 WinWdw - PCI，进入软件操作系统。

③ 单击“试验操作”，打开实验操作界面。在做拉伸试验时，在“控制面板”上选取拉向，中梁向上运行；要想使中梁向下(如压、弯等)运行，则选取压向。

④ 将测量完毕后的试样装夹在试验机的上夹头上夹紧，在计算机上选择横梁移动速度为

100～500 mm/min，将下夹头松开使试样下降到下夹头的适当位置处停止。

⑤ 在实验操作界面上把负荷按 1 kN，2.5 kN，…，50 kN 逐级清零；把峰值、变形、位移、时间也清零，再夹紧下夹头。

⑥ 在“控制面板”上选择“位移控制”，采用 0.2 mm/min 的速度使横梁下降，消除预紧力，使负荷变为零。

⑦ 如果测弹性模量 E 值或测 $\sigma_{0.2}$，则将引伸计在试样上夹好，调整好试样变形显示的零点，从 1 mm，2 mm，…，10 mm 逐级调零。

⑧ 新建试样信息，输入材料的直径、标距后，单击“新建试样”再“确认”。

⑨ 做试验之前把负荷、峰值、变形、位移和时间等各项再次调零，如果测 E 值，则单击“位移方式”，并切换为“取引伸计”，选择位移速度 0.5 mm/min，单击“开始”。如果只拉伸（不测 E 值），则选择速度 2 mm/min，单击“开始”。

⑩ 在拉伸过程中应注意观察曲线形状，记录所需的数据。试样断裂后立即按停止键，单击“保存数据”，取下试样测量长度、直径和断后面积。

注意事项：

① 实验过程中不能用大于 5 mm/min 的速度开机。

② 如果测 E 值和 $\sigma_{0.2}$ 则装引伸计，应设计变形限定值，在超过限定值后立即取下引伸计，以防引伸计损坏。

③ 如果试验机运行不正常，则应立即按主机上的红色蘑菇头按钮紧急刹车，然后找指导教师。

④ 实验完毕后，取下断裂试样，清理试验机，关闭软件和试验机。

1.2 NJS－02 数显式扭转试验机

1.2.1 主要用途与使用范围

NJS－02 数显式扭转试验机主要是对各种材料的两个旋转方向施加扭矩进行扭转试验，测定扭矩与两端面的扭转角。在该试验机上可以进行扭转破坏实验的机械性能测试，在弹性极限内测定扭转弹性模量 G。

1.2.2 主要技术参数和技术指标

① 最大显示扭矩：200 N·m，扭矩最小读数值：0.02 N·m；

② 扭转角最大读数值：9 999.95°，扭转角最小读数值：0.05°；

③ 扭矩显示值相对误差：≤±1.0%；

④ 试验空间（长度）：255 mm。

1.2.3 结构特征与工作原理

试验机由机械加力、传感器扭矩检测、光电编码器转角检测、数字显示和机座等部分组成。

试验机的原理方框图如图 1－3 所示。

试验机的工作原理是：摇动手轮，通过蜗轮、蜗杆传动带动主动夹头对试样进行扭转试验，

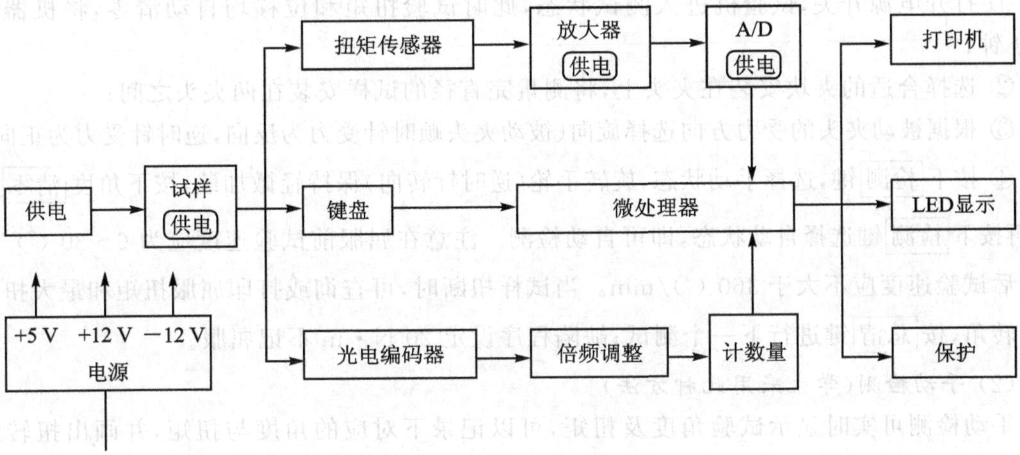

图1-3 试验机原理图

扭矩传感器受力后产生电信号送入放大器放大，经过A/D转换产生数字信号，将此数字信号送入微处理器进行相应的数据处理，其结果由LED显示或由微型打印机打印。另外，试样的变形信号由光电编码器输出，然后进行倍频整形，计数处理，送入微处理器，之后与试验扭矩信号对应起来，使试验机具有以下基本功能：

① 自动检测：摇动手轮至试样扭断，试验机自动检测材料的屈服扭矩 M_s、最大扭矩 M_b、屈服角度 S_v 和最大扭转角度 S_{max}；

② 手动检测：可实时显示试验扭转角度及扭矩；

③ 自动检测试验结束后，可选择查询或打印当次试验结果。

1.2.4 使用与操作

1. 操作面板功能简介

① 转角显示窗，显示转角，单位为(°)；

② 扭矩显示窗，显示扭矩，单位为N·m；

③ 刚度显示窗，显示刚度，单位为N·m/(°)；

④ 转角[清零]键，角度清零；

⑤ 扭矩[清零]键，扭矩清零；

⑥ 扭矩[峰值]键，按下此键，指示灯亮，试验时显示扭矩的最大值，再按此键峰值取消；

⑦ [检测]键，用于选择自动检测或手动检测；

⑧ [正向/反向]键，被动夹头逆时针受力时为正向，红色指示灯不亮，反之灯亮。

2. 操 作

(1) 自动检测(学生实验不用)

自动检测过程如下：

① 打开电源开关，试验机进入测试状态，此时试验扭矩和位移均自动清零，将机器预热20分钟；

② 选择合适的夹块安装在夹头上，将测量完直径的试样安装在两夹头之间；

③ 根据被动夹头的受力方向选择旋向(被动夹头顺时针受力为反向，逆时针受力为正向)；

④ 按下[检测]键，选择手动状态，旋转手轮(逆时针转向)保持轻微加载，按下角度[清零]键清零，再按下[检测]键选择自动状态，即可自动检测。注意在屈服前试验速度应为 6～30 (°)/min，屈服后试验速度应不大于 360 (°)/min。当试样扭断时，可查询或打印屈服扭矩和最大扭矩及相应转角，按[总清]键进行下一个测试；缺陷程序设定 20 N・m 不记屈服。

(2) 手动检测(学生采用此种方法)

手动检测可实时显示试验角度及扭矩，可以记录下对应的角度与扭矩，并画出扭转曲线图。当平稳匀速加载时，随着旋转手轮角度的增加，扭矩不变化或反降，此时的扭矩就是材料屈服扭矩 M_s。

手动检测过程如下：

① 打开电源开关，将机器预热 15 min。

② 选择合适的夹块安装在夹头上，将测量完直径的试样安装在固定夹头内，按扭矩[清零]键清零，然后旋转手轮将另一头装夹在试样上。

③ 轻微逆时针摇动手轮，当扭矩显示值刚有变化时，按角度[清零]键清零。

④ 逆时针均匀摇动手轮，当扭矩达到 5 N・m、10 N・m、15 N・m、20 N・m 时记录对应的转角值，在达到 20 N・m 前速度应均匀缓慢，低碳钢在 20 N・m 前后会出现屈服，随时注意观察屈服扭矩 M_s。当测定到 M_s 后，加载速度可以加快，但不能超过 360 (°)/min，持续加载过程中记录 50°、200°、600°、1 000°、1 500°、2 000°、2 500°、3 000°对应的扭矩，用于画扭矩-扭转角曲线图，直至扭断为止，记下最大扭矩与扭转角。

1.3 JB－W300 微机控制摆锤式冲击试验机

1.3.1 试验机的用途及特点

JB－W300 微机控制摆锤式冲击试验机按照国标 GB/T 229—1994《金属夏比缺口冲击试验方法》对金属材料进行冲击试验，更换摆锤的方法可对 300 J 和 150 J 两级冲击能量进行实验，所用试样断面为 10 mm×10 mm。主要用于对冲击韧性较大的黑色金属，特别是钢铁及其合金进行试验。

试验原理是计算摆锤冲击前的位能与冲击后所剩位能之差，即试验时试样吸收的功。

试验机操作可以采用手动控制盒控制和计算机自动控制两种方法二选一，自动控制试验结果可以保存和打印，手动控制自己计数并计算。

1.3.2 主要技术规格

① 冲击能量：300 J、150 J。

② 度盘刻度范围及分度值：0～300 J，每小格分度值 2 J；0～150 J，每小格分度值 1 J。

③ 摆锤力矩：300 J，摆锤力矩为 160.769 5 N·m；150 J，摆锤力矩为 80.384 8 N·m。

④ 摆锤预扬角：150°。

⑤ 摆锤中心至冲击点（试样中心）距离：750 mm。

⑥ 冲击速度：5.2 m/s。

⑦ 试样支座跨距（L）：40 mm。

⑧ 试样规格：10 mm×10 mm×55 mm。

⑨ 试验机的计算机计量显示最小分辨率：0.1 J。

1.3.3　使用方法与操作

接通电源将手动控制盒上的开关拨到“开”位置，先按动“放摆”确认摆锤沿顺时针方向转动，然后再打开计算机屏显式冲击试验机控制程序进行如下操作：

① 单击“取摆”图标，接通电机及电磁离合器，摆锤逆时针扬起，扬至最高位置后触到行程开关，电机停转，电磁离合器断电，同时保险锁弹出。将测量好的试样正确放置。

② 单击“退销”图标，保险销退回。

③ 单击“冲击”图标，接通电磁阀，实现落摆冲击。冲击后经计算机控制，电机和电磁离合器均接通，摆锤自动挂摆，准备下一次冲击。

④ 单击“放摆”图标，保险销退回，摆锤缓慢回落至铅垂位置后自动停止。

⑤ 单击“取值”按钮，得到试验结果。

1.3.4　注意事项

① 摆锤在扬摆过程中或在冲击试验过程中，学生不得在摆锤摆动范围内活动或工作，以免发生危险。

② 当出现违反操作规程，摆锤动作异常时（如：冲击后不能自动取摆，或手动放摆时，没有一直按住放摆按钮，这时摆锤来回摆动取不了摆），请不要惊慌，待摆扬起到接近最高位时，单击“取摆”按钮即可取摆。

③ 当摆锤出现反转时，请立即关闭主机电源使摆锤回到零位，以免造成机器及人身伤害。

④ 整个试验完成后，先关闭主机，然后再关闭软件和计算机。

1.4　光弹仪

1.4.1　构造原理

偏光弹性仪简称光弹仪，是光弹性实验专用设备，用来测定和鉴别模型材料因压力产生的双折射程度，也就是测定等差线（即等色线）和等倾线的精密光学仪器。因此有必要对光弹仪有所认识，了解光弹仪的结构、光学原理及其操作使用方法。

1. 光弹仪的结构

光弹仪的结构由三部分组成：光学测试部分、机械调节部分和电器操作部分。其中，光学测试部分是光弹仪的核心，它包括一个准直光路系统和能够提供平面偏振光场或正圆偏振光场的调场系统。前者目的在于获得模型清晰而准确的透视投影像，并且有适当的放大倍数，它包括光源、聚光透镜、滤色镜、光栏、准直透镜、成像屏等光学部件。光弹仪的光源有三种供选择：作为白光光源的放映灯；作为单色光光源有高压的汞气灯，加滤色片可获得波长为 5 416 Å（1 Å＝1×10^{-10} m）的绿光；氦氖激光，可获得波长为 6 328 Å 的红光。

为了得到一个准直平行光场，使光线能垂直模型表面透射过去，要求有一个理想的点光源。为此，设置了一个聚光透镜，缩小光源，并用光栏在光源成像处减少非轴线光。当这个光源像在准直镜焦点处时，就能获得一个较理想的准直平面光场。视场透镜及成像透镜使模型在投射光照下有清晰的投影像，并在一定距离内有 1～5 倍的放大像。

2. 光路的调整

调整光学系统由一对称为起偏器 P 的偏振片、分析器 A 及一对 1/4 波片组成，这两对片子均能 360°旋转。偏振片的光轴通常位于 0°（按规定，装置误差为±0.5°）1/4 波片的快轴或慢轴 0°及 90°位置上，光轴以不同角度排列可得明场、暗场的正圆偏振光，卸除 1/4 波片可获得明场、暗场的平面偏振光。调节方法如下。

（1）平面偏振光场的调整

卸除 1/4 波片，使起偏器与分析器光轴成 0°及 90°正交，在成像屏幕上成暗幕，即为暗视场。分析器转 90°，与起偏器光轴重合，即成明视场。

（2）正圆偏振光场的调整

在调好暗场平面偏振光后，将一块 1/4 波片放入光场，并调成暗场，这时 1/4 波片快轴已和其中一块偏振片的光轴平行。将此 1/4 波片分析器旋转 90°就成正圆偏振光明场。

1.4.2 注意事项

① 在开光源前，应先打开光源箱内的排风扇，后开光源；反之，先关光源，后关排风扇。

② 不要把滤色镜放在光源的焦点处，以免烧裂滤色镜。

③ 严禁用手擦透镜、波片、偏振片等光学元件。

1.5 QBG－100 微机控制高频疲劳试验机

1.5.1 主要用途与适用范围

QBG－100 微机控制高频疲劳试验机被广泛用于测试各种金属材料抵抗疲劳断裂的性能、测试 K_{IC} 值、建立 $S-N$ 曲线等；配以各种夹具，可用来测量各种零部件的疲劳寿命；可完成对称疲劳试验、不对称疲劳试验、单向脉动疲劳试验、块谱疲劳试验、调制疲劳试验、高低温疲劳试验，以及三点弯曲、四点弯曲和扭转等种类繁多的疲劳试验。

1.5.2 主要技术指标

① 载荷分挡值：20 kN、50 kN、100 kN；

② 最大交变负荷（峰值）：10 kN、25 kN、50 kN；

③ 最大单向脉动负荷(拉或压)：±20 kN、±50 kN、±100 kN；

④ 工作频率范围：60～300 Hz；

⑤ 工作方式：常规疲劳试验、程控疲劳试验、调制疲劳试验；

⑥ 计数器容量：1×10^9；

⑦ 数据存储方式：等时间间隔存储、等次数间隔存储。

1.5.3　工作原理

高频疲劳试验机是利用机械系统的共振原理及多自由度力学模型设计而成的。在这一多自由度振动系统中，当电磁激振力的频率等于系统的主振频率并满足一定条件时，这一系统便产生等幅谐振，其主振质量(主要指砝码及其他等效质量)在谐振状态下所产生的惯性力往复作用于被试件(以下简称“试件”)上，从而完成其疲劳试验。

在这一多自由度谐振系统的主振系统中，试件及测力传感器等效为主振系统的弹性部件，其谐振频率(主振系统的自由频率)是由主振质量及弹性部件的刚度决定的，并可表示为

$$f=1/2\pi\times(C/M)^{1/2}$$

式中：C 为弹性部件的刚度，M 为主振质量。

在试件及装夹条件一定的情况下，只能通过增减砝码的数目来改变系统的谐振频率，且在一个确定的范围内变动。

1.5.4　软件简介

测控软件主要是增强版本 CCQB(主要有静态拉伸、静态压缩、静态三点弯、$S-N$ 曲线、$P-S-N$ 曲线、K_{IC} 值、电位法裂纹测控软件、柔度法裂纹测控软件等)。

CCQB 增强版软件主界面如图 1－4 所示。

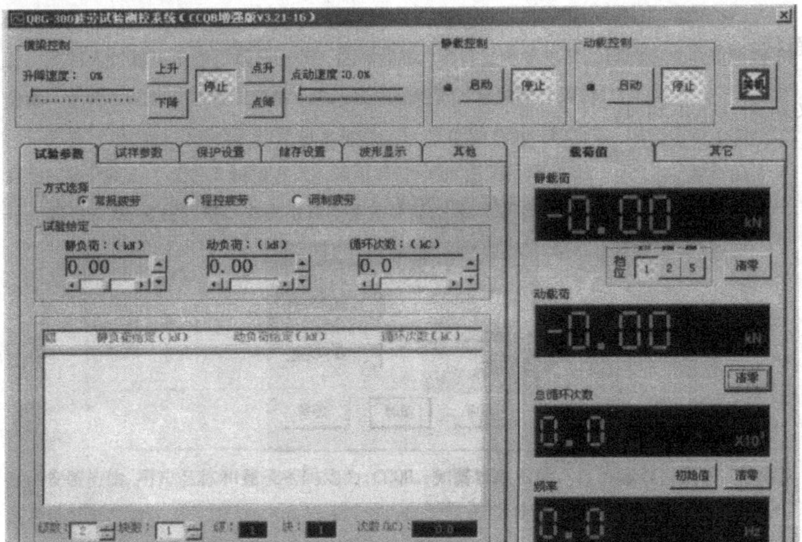

图 1－4　CCQB 增强版软件主界面

1. 软件的启动与退出

先打开计算机电源，运行 CCQB 应用程序，再打开电箱电源。试验前电箱电源须预热 30 min，再进行试验；试验结束后先关电箱电源，再关计算机。CCQB 主界面由控制面板、显示面板、试验参数设置面板、试样参数设置面板、保护参数设置面板、储存设置面板、波形显示面板、其他内容面板等组成。

2. 控制面板

控制面板如图 1－5 所示。

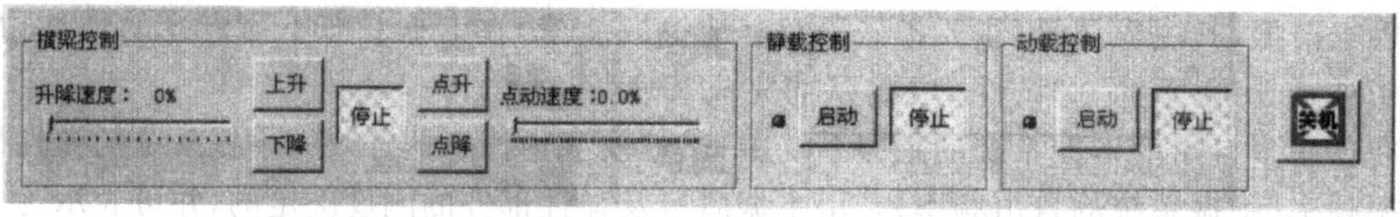

图 1－5 控制面板

控制面板主要由横梁控制、静载控制、动载控制及关机等组成。

横梁控制有“上升”、“下降”、“停止”，以及“点升”和“点降”，其速度分别由“升降速度”及“点动速度”控制。

注意：主机上的手操盒等效为点动控制。

静载控制是由计算机自动控制并加载到由“试验参数”/“试验给定”设置面板中设定的静负荷值。

动载控制是由计算机自动控制并加载到由“试验参数”/“试验给定”设置面板中设定的动负荷值。

3. 显示面板

显示面板如图 1－6 所示。

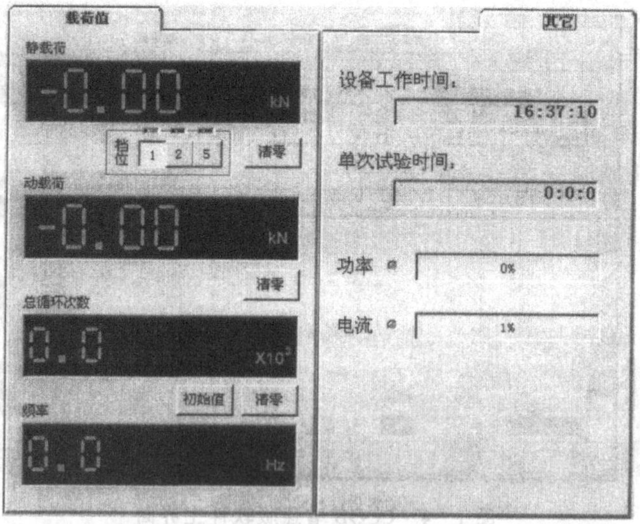

图 1－6 显示面板

显示面板主要有“静载荷”、“动载荷”、“总循环次数”和“频率”显示窗口，有测量挡位按钮、清零按钮及循环次数初始值预置按钮等。

当测量挡位为1时，测量范围为±100 kN。

当测量挡位为2时，测量范围为±50 kN。

当测量挡位为5时，测量范围为±20 kN。

“其它”显示面板中主要有“功率”、“电流”显示窗口，其值一般不能大于80%，若功率值与电流值相差很大，则可调节位于主机接线板旁的匹配开关进行匹配。

调节的原则是：当功率值很大而电流值很小时，逆时针调节匹配开关；当功率值很小而电流值很大时，顺时针调节匹配开关；通常将匹配开关置于垂直位置。

注意：当动载荷启动后严禁拨动匹配开关，否则将严重损坏电气系统！

4. 试验参数设置面板

试验参数设置面板如图1-7所示。

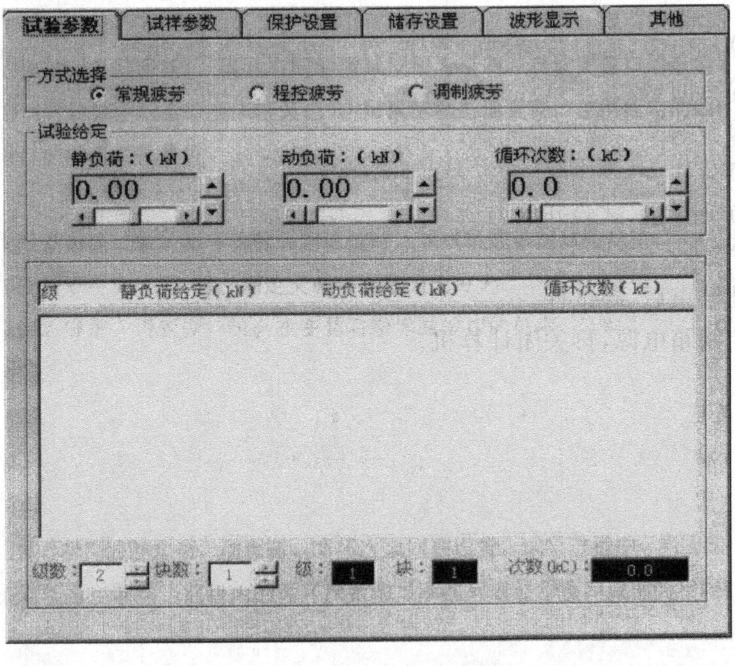

图1-7 试验参数设置面板

试验参数设置面板主要由“方式选择”、“试验给定”，以及“程控疲劳”、试验给定参数显示等几部分组成。

(1) 方式选择

① 在标准版本配置的软件中，疲劳试验的控制方式有两种：常规疲劳和程控疲劳。

常规疲劳(恒幅疲劳)试验是指动、静负荷的加荷强度级只有一级；而程控疲劳试验是指动、静负荷的加荷强度级有多级(最大为256级)或多块(多级组成一块，最大为256块)，级间或块间的控制转换是由计算机依据循环次数自动完成的。

② 在增强版本配置的软件中，除以上两种控制方式外，还配置有调制疲劳试验方式。

调制疲劳试验是指动、静负荷的加荷强度是按某种波形(如正弦波、三角波、斜波、梯形波、方波、自定义波)而进行的疲劳试验。

(2) 试验给定

无论是常规疲劳试验还是程控疲劳试验,其静负荷、动负荷和循环次数的给定均在此处设置。每个设置窗口下方的滚动条为粗调(由细到粗又分三级调节:滚动条两端的增减按钮、两侧的有效区及其滑条),而其右端的增减按钮为细调。当设置窗口的数值发生改变时,设置的背景颜色就会改变(浅黄色),双击设置窗口所给定的数值使之有效,同时设置窗口的背景颜色复位。

注意:

① 循环次数是指当试验的循环次数达到该值时,该试验或该级试验结束。

② 当循环次数为 0 时,定义循环次数为无穷大。

③ 其他疲劳试验给定参看软件说明书。

1.5.5 一般操作规程

① 打开计算机电源,运行疲劳试验程序,打开控制柜电源,预热 10～30 min。

② 调节试验空间,装夹好试件。

③ 设置试验参数及其他相关参数。

④ 施加静负荷。

⑤ 启动动负荷按钮,试验开始。

⑥ 设置保护。

⑦ 试验自动结束后,卸试件。

⑧ 先关闭控制箱电源,再关闭计算机。

第2章 低碳钢和灰口铸铁的拉伸、压缩实验

2.1 实验目的

① 观察低碳钢在拉伸时的各种现象，并测定低碳钢在拉伸时的屈服极限 σ_s、强度极限 σ_b、延伸率 δ_{10} 和断面收缩率 ψ。

② 观察铸铁在轴向拉伸时的各种现象。

③ 观察低碳钢和铸铁在轴向压缩过程中的各种现象。

④ 观察试样受力和变形两者间的相互关系，并注意观察材料的弹性、屈服、强化、颈缩、断裂等物理现象。测定该试样所代表材料的 F_s、F_b 和 Δl 等值。

⑤ 对典型的塑性材料和脆性材料进行受力变形现象比较，对其强度指标和塑性指标进行比较。

⑥ 学习、掌握电子万能试验机的使用方法及其工作原理。

2.2 仪器设备和量具

50 kN 电子万能试验机，单向引伸计，钢板尺，游标卡尺。

2.3 试 件

实验证明，试件尺寸和形状对实验结果有影响。为了便于比较各种材料的机械性能，国家标准中对试件的尺寸和形状有统一规定。根据国家标准(GB 6397—86)，将金属拉伸比例试件的尺寸列出，如表2-1所列。

表2-1 金属拉伸比例试件尺寸

试 件	标距长度 l_0	横截面积 A_0	圆试件直径 d_0	延伸率
比例/长短	$11.3\sqrt{A_0}$ 或 $10d_0$	任意	任意	δ_{10}
	$5.65\sqrt{A_0}$ 或 $5d_0$	任意	任意	δ_5

本实验的拉伸试件采用国家标准中规定的长比例试件(见图2-1)，实验段直径 $d_0=10$ mm，标距 $l_0=100$ mm。本实验的压缩试件采用国家标准(GB 7314—87)中规定的圆柱形试件 $h/d_0=2$，$d_0=15$ mm(见图2-2)。

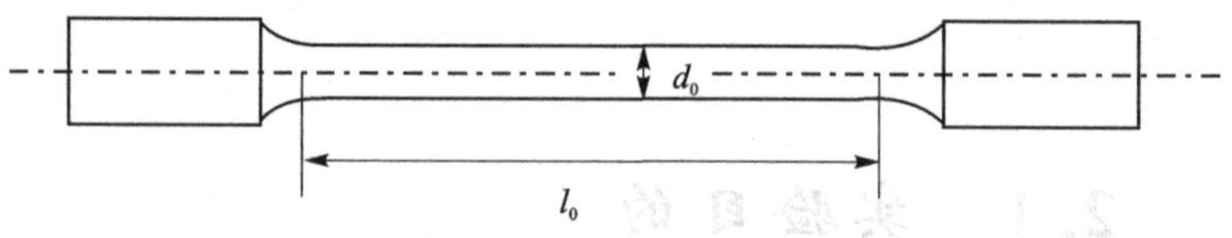

图 2-1 拉伸试件

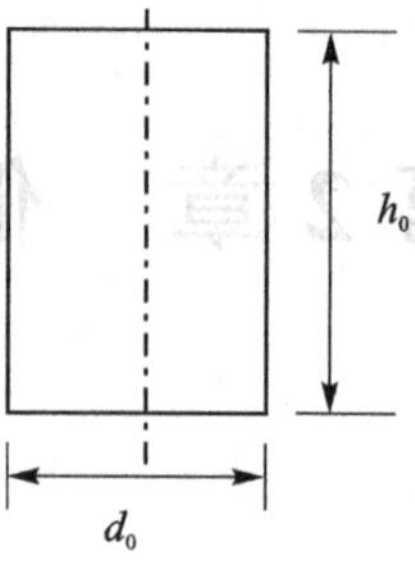

图 2-2 压缩试件

2.4 实验原理和方法

1. 低碳钢的拉伸实验

在拉伸实验前，测定低碳钢试件的直径 d_0 和标距 l_0。实验时，首先将试件安装在实验机的上、下夹头内，并在实验段的标记处安装引伸仪，以测量实验段的变形。然后开动实验机，缓慢加载，与实验机相连的微机会自动绘制出载荷-变形曲线（$F-\Delta l$ 曲线，见图 2-3）或应力-应变曲线（$\sigma-\varepsilon$ 曲线，见图 2-4），随着载荷逐渐增大，材料呈现出不同的力学性能。

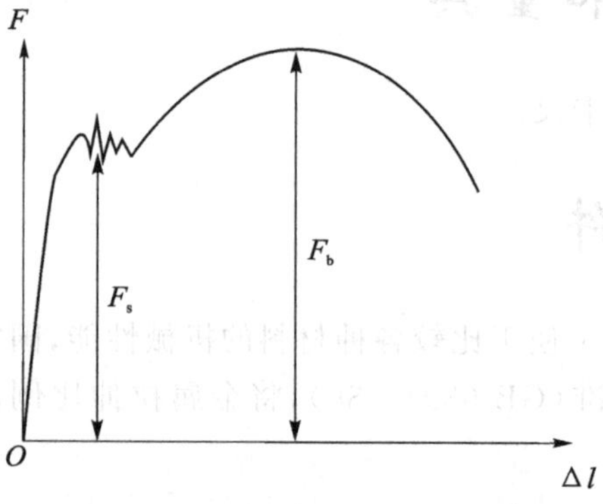

图 2-3 低碳钢拉伸 $F-\Delta l$ 曲线

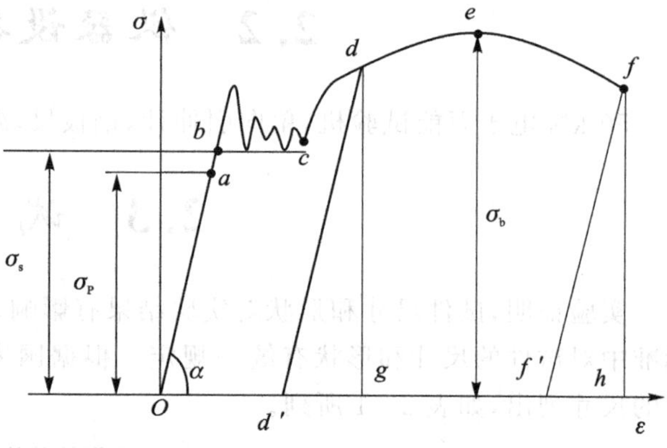

图 2-4 低碳钢拉伸 $\sigma-\varepsilon$ 曲线

（1）弹性阶段（Ob 段）

在拉伸的初始阶段，$\sigma-\varepsilon$ 曲线（Oa 段）为一直线，说明应力与应变成正比，即满足胡克定律，此阶段称为线性阶段。线性段的最高点称为材料的比例极限（σ_P），线性段的直线斜率即为材料的弹性模量 E。

线性阶段后，$\sigma-\varepsilon$ 曲线不为直线（ab 段），说明应力与应变不再成正比。但若在整个弹性阶段卸载，则应力与应变曲线会沿原曲线返回，当载荷卸到零时，变形完全消失。卸载后变形能完全消失时的应力最大点称为材料的弹性极限（σ_e），一般对于钢等许多材料，其弹性极限与比例极限非常接近。

（2）屈服阶段（bc 段）

超过弹性阶段后，应力几乎不变，只在某一微小范围内上下波动，而应变却急剧增长，这种现象称为屈服。使材料发生屈服的应力称为屈服应力或屈服极限(σ_s)。

当材料屈服时,如果用砂纸将试件表面打磨,会发现试件表面呈现出与轴线成 45°的斜纹,这是由于在试件的 45°斜截面上作用有最大切应力,这些斜纹是材料沿最大切应力作用面产生滑移造成的,故称为滑移线。

(3) 硬化阶段(ce 段)

经过屈服阶段后,应力-应变曲线呈现上升趋势,这说明材料的抗变形能力又增强了,这种现象称为应变硬化。

若在此阶段卸载,则卸载过程的应力-应变曲线为一条斜线(如 $d—d'$斜线),其斜率与线性阶段的直线段斜率大致相等。当载荷卸载到零时,变形并未完全消失,当应力减小至零时,残留的应变称为塑性应变或残余应变,相应地,应力减小至零时消失的应变称为弹性应变。卸载完之后,立即再加载,则加载时的应力-应变关系基本上沿卸载时的直线变化。因此,如果将卸载后已有塑性变形的试件重新进行拉伸实验,则其比例极限或弹性极限将得到提高,这一现象称为冷作硬化。

在硬化阶段,应力-应变曲线存在一最高点,该最高点对应的应力称为材料的强度极限(σ_b),强度极限所对应的载荷为试件所能承受的最大载荷 F_b。

(4)量颈缩阶段(ef 段)

试件拉伸达到强度极限 σ_b 之前,在标距范围内的变形是均匀的。当应力增大并超过强度极限 σ_b 之后,试件出现局部显著收缩,这一现象称为颈缩。颈缩出现后,使试件继续变形所需的载荷减小,故应力-应变曲线呈现下降趋势,直至最后在 f 点断裂。试件的断裂位置处于颈缩处,断口形状呈杯状,这说明引起试件破坏的原因不仅有拉应力,还有切应力。

2. 铸铁的拉伸实验

铸铁的拉伸实验方法与低碳钢的拉伸实验方法相同,但是铸铁在拉伸时的力学性能明显不同于低碳钢,其应力-应变曲线如图 2-5 所示。铸铁从开始受力直至断裂,变形始终很小,既不存在屈服阶段,也无颈缩现象。断口垂直于试件轴线,这说明引起试件破坏的原因是最大拉应力。

图 2-5　铸铁拉伸 σ-ε 曲线

3. 低碳钢和铸铁的压缩实验

低碳钢试件在压缩过程中,在加载开始阶段,从应力-应变曲线图 2-6 可以看出,应力与应变成正比,即满足胡克定理。当载荷达到一定程度时,低碳钢试件发生明显的屈服现象。过了屈服阶段后,试件越压越扁,最终被压成腰鼓形,而不会发生断裂破坏。

铸铁试件在压缩过程中,没有明显的线性阶段,也没有明显的屈服阶段,如图 2-7 所示。铸铁的压缩强度极限为拉伸强度极限的 3～4 倍。铸铁试件断裂时,断口方向与试件轴线约成 55°,一般认为这是切应力和摩擦力共同作用的结果。

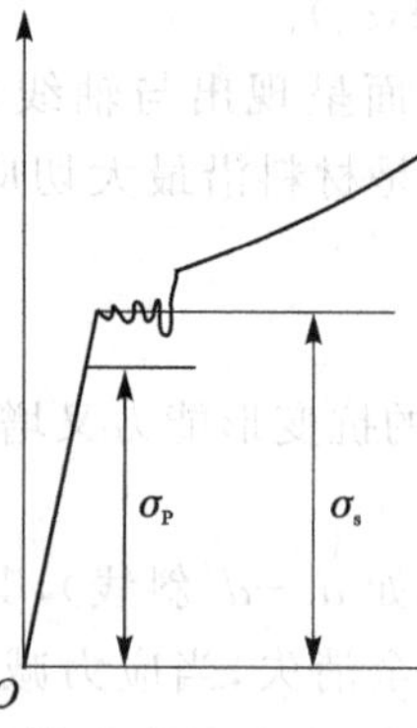

图 2-6 低碳钢压缩 $\sigma-\varepsilon$ 曲线

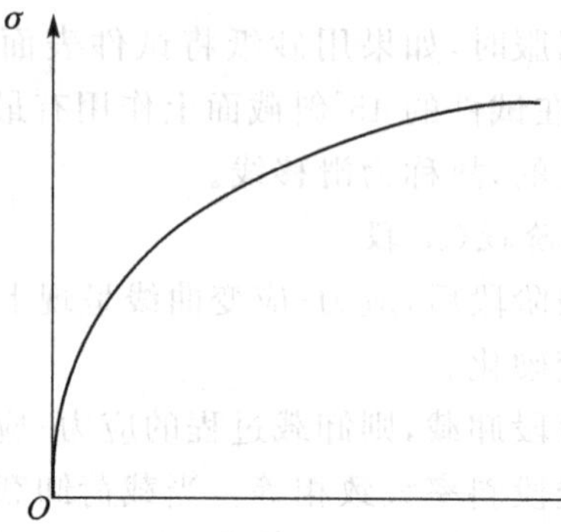

图 2-7 铸铁压缩 $\sigma-\varepsilon$ 曲线

2.5 实验步骤

1. 低碳钢的拉伸实验

低碳钢的拉伸实验步骤如下：

① 依次打开计算机、变压器，并按下主机外罩上的“复位”按钮启动试验机。

② 双击桌面上的图标 WinWdw－PCI，进入软件操作系统。

③ 单击“试验操作”，打开实验操作界面，在做拉伸实验时，在软件操作系统的“控制面板”上选取“拉向”。

④ 用游标卡尺测量试件的直径和标距，并记录。

在试件的标距范围内测量试件三个横截面处的截面直径，在每个截面上分别取两个相互垂直的方向各测量一次直径。取六次测量的平均值作为原始直径 d_0，并据此计算试件的横截面面积 A_0。测量标距时，要用游标卡尺测量三次，并取三次测量结果的平均值作为试件的原始长度 l_0。

做实验的操作步骤是：

① 装夹拉伸试件。通过试验机的“上升”、“下降”按钮把横梁调整到方便装试件的位置，再把上钳口松开，夹紧试件的上端。

② 使横梁下降，当试件能够夹在下钳口时，停止。

③ 在实验操作界面上把负荷、峰值、变形、位移和时间分别清零，夹紧下钳口。

④ 在“控制面板”上选择“位移控制”，采用 0.2 mm/min 的速度使横梁下降，消除预紧力，使负荷变为零。

⑤ 装夹引伸计，并检查引伸计是否已正确连接到计算机主机的端口上，加载速度选择 0.5 mm/min。

⑥ 单击“新建试样”按钮，输入试件的有关信息，包括直径（或长、宽）、标距，然后单击“新建试样”按钮，再单击“确认”按钮。

⑦ 再次把负荷、峰值、变形、位移和时间等项分别清零。

⑧ 单击“位移方式”按钮，切换为“取引伸计”模式。在取引伸计模式下，按“开始”按钮，开

始实验。当试件即将进入屈服阶段时，屏幕会弹出对话框提示取下引伸计，此时**要迅速取下引伸计**，因为此后试件将进入屈服阶段，在载荷-变形图上将看到一个很长的波浪形曲线(表明试件处于流塑阶段)，应力变化不大，但应变大大增加。如果此时不取下引伸计，则引伸计将被拉坏。接着材料进入强化阶段，可将加载速度调至 5 mm/min，继续实验直至试件拉断。

在实验过程中，注意观察屈服(流动)、强化、卸载规律、颈缩、断裂等现象。

⑨ 试件拉断后，立即按"停止"按钮。然后单击"保存数据"按钮，保存试验数据。取下试件，先将两段试件沿断口整齐地对拢，量取并记录拉断后两标距点之间的长度 l_1 及断口处最小的直径 d_1，并计算断后面积。

⑩ 数据处理。单击菜单栏中的"试验分析"，并在相应的对话框中选择需要计算的项目。然后单击"自动计算"按钮。需要打印时单击"试验报告"按钮，把需要输出的选项移到右侧的空白框内，在曲线类型栏中选择应力-应变曲线，单击"确定"按钮后打印试验报告。

2. 铸铁的拉伸实验

操作步骤与低碳钢的拉伸实验步骤基本相同，不同之处有：

① 无须装夹引伸计。

② 速度选择 2 mm/min 直至断裂。

③ 在实验中注意读取载荷极限值。

3. 低碳钢的压缩实验

操作步骤与低碳钢的拉伸实验步骤基本相同，不同之处有：

① 试件放于下压头的中心处，移动横梁使上压头逐渐接近试件，但不能接触试件。

② 用速度 2 mm/min 加压，使上压头接触试件(载荷单元可显示 2～3 kN 的预压力)。

③ 试验速度在屈服前用 2 mm/min，屈服后用 5 mm/min。

④ 试件不会断裂，曲线画到一定程度即可结束试验。在实验中注意读取屈服时的载荷值。

4. 铸铁的压缩实验

操作步骤与低碳钢的压缩实验步骤相同，不同的是在试件破断后停机。

全部实验完毕后，关闭软件和试验机，并检查机器和仪器的各开关按键是否置于原始位置，然后关掉电源。

2.6 实验结果处理

1. 低碳钢的拉伸实验

记录试件的屈服抗力 F_s 和最大抗力 F_b。试件断裂后，测量断口处的最小直径 d_1 和标距间的距离 l_1。依据测得的实验数据，计算低碳钢材料的强度指标和塑性指标。

强度指标：

● 屈服极限 $\sigma_s=\frac{F_s}{A_0}$， 其中 $A_0=\frac{\pi d_0^2}{4}$

● 强度极限 $\sigma_b=\frac{F_b}{A_0}$

塑性指标：

● 延伸率 $\delta_{10}=\frac{l_1-l_0}{l_0}\times 100\%$

● 断面收缩率 $\psi=\frac{A_0-A_1}{A_0}\times 100\%$

2. 低碳钢的压缩实验

实验前，测量试件的直径 d_0 和高度 h_0。实验时，观察低碳钢试件压缩过程中的现象，测定试件屈服时的抗力 F_s，从而计算出低碳钢的屈服极限

$$\sigma_s=\frac{F_s}{A_0}$$

3. 灰口铸铁的拉伸实验

实验前测定试件的直径 d_0，注意观察试件在拉伸过程中与低碳钢拉伸实验中不同的现象（如变形小、无屈服、无颈缩、断口平齐等）；记录断裂时的最大抗力 F_b，从而计算出灰口铸铁的拉伸强度极限

$$\sigma_b=\frac{F_b}{A_0}$$

4. 灰口铸铁的压缩实验

实验前测定试件的直径 d_0 和高度 h_0。实验时观察灰口铸铁试件在压缩过程中的现象，尤其是断口形状；记录压缩破坏时的最大抗力 F_b，计算灰口铸铁的压缩强度极限

$$\sigma_b=\frac{F_b}{A_0}$$

2.7 思考题

1. 试比较低碳钢和铸铁在拉伸时的力学性能。

2. 压缩时为什么必须将试件对准试验机压头的中心位置？若没有对中将会产生什么影响？

3. 试说明铸铁和低碳钢断口的特点。

4. 低碳钢和铸铁在拉伸和压缩中，各要测得哪些数据？观察哪些现象？

第3章　低碳钢拉伸时弹性模量 E 值的测定

3.1　实验目的

① 在比例极限内验证胡克定律；

② 学习使用单向引伸计测定钢材的弹性模量 E；

③ 再次熟悉电子万能试验机的使用；

④ 学习拟定试验加载方案。

3.2　仪器和设备

50 kN 电子万能试验机、单向引伸计、游标卡尺。

3.3　实验原理与加载方案

1. 实验原理

在比例极限内测定弹性常数，应力与应变服从胡克定律，其关系式为

$$\sigma = E\varepsilon \tag{3-1}$$

式(3-1)中的比例系数 E 称为材料的弹性模量，则有

$$E = \frac{\sigma}{\varepsilon} = \frac{P}{A_0 \dfrac{\Delta L}{L_0}} = \frac{PL_0}{\Delta L A_0} \tag{3-2}$$

为了验证胡克定律并消除测量中可能产生的误差，一般采用增量法，如图3-1所示。所谓增量法就是把欲加的最终载荷分成若干等份，逐级加载来测量试件的变形。设试件的横截面面积为 A_0，引伸计的标距为 L_0，各级载荷增加量相同，并等于 ΔP，各级伸长的增加量为 ΔL，则式(3-2)可改写为

$$E_i = \frac{\Delta P L_0}{A_0 (\Delta L)_i} \tag{3-3}$$

式(3-3)中的下标 i 为加载级数($i=1,2,\cdots,n$)；ΔN 为每级载荷的增加量。

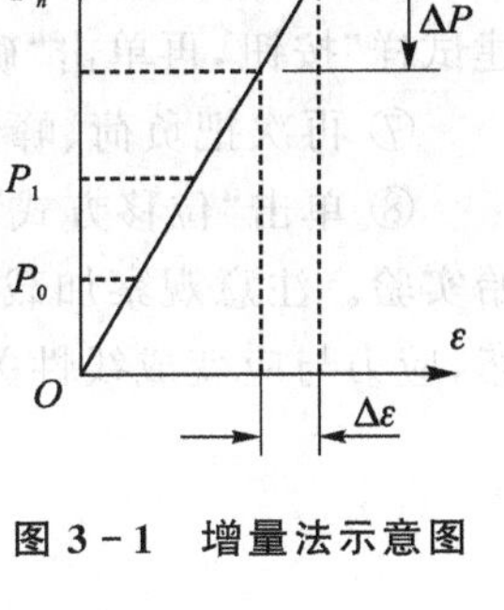

图3-1　增量法示意图

由实验可以发现，当各级载荷增量 ΔP 相等时，由引伸计测出的伸长增加量 ΔL 也基本相等，这不仅验证了胡克定律，而且还有助于判断实验过程是否正常。

若各次测出的 ΔL 相差很大，则说明实验过程存在问题，应及时进行检查。

2. 加载方案的拟定

采用增量法拟定加载方案时，通常需要考虑以下情况：

① 最大载荷的选取应保证试件最大应力值不大于比例极限，但也不能小于它的一半，一般取屈服载荷的 70％～80％，故通常取最大载荷 $P_{max}=0.8P_s$；

② 至少有 4～6 级加载，每级加载后应使引伸计的读数有明显的变化。

3.4 实验操作步骤

实验步骤如下：

① 依次打开计算机、变压器，并按下主机外罩上的“复位”按钮启动试验机。

② 双击桌面上的图标 WinWdw－PCI，进入软件操作系统。

③ 单击“试验操作”，打开实验操作界面，在做拉伸实验时，在软件操作系统的“控制面板”上选取“拉向”。

④ 用游标卡尺测量试件的直径和标距，并记录。

在试件的标距范围内测量试件三个横截面处的截面直径，在每个截面上分别取两个相互垂直的方向各测量一次直径。取六次测量的平均值作为原始直径 d_0，并据此计算试件的横截面面积 A_0。测量标距时，要用游标卡尺测量三次，并取三次测量结果的平均值作为试件的原始长度 l_0。

做实验的操作步骤是：

① 装夹拉伸试件。通过试验机的“上升”、“下降”按钮把横梁调整到方便装试件的位置，再把上钳口松开，夹紧试件的上端。

② 使横梁下降，当试件能够夹在下钳口时，停止。

③ 在实验操作界面上把负荷、峰值、变形、位移和时间分别清零，夹紧下钳口。

④ 在“控制面板”上选择“位移控制”，采用 0.2 mm/min 的速度使横梁下降，消除预紧力，使负荷变为零。

⑤ 装夹引伸计，并检查引伸计是否已正确连接到计算机主机的端口上，加载速度选择 0.5 mm/min。

⑥ 单击“新建试样”按钮，输入试件的有关信息，包括直径（或长、宽）、标距，然后单击“新建试样”按钮，再单击“确认”按钮。

⑦ 再次把负荷、峰值、变形、位移和时间等项分别清零。

⑧ 单击“位移方式”按钮，切换为“取引伸计”模式。在取引伸计模式下，按“开始”按钮，开始实验。注意观察加载过程中载荷与位移的关系曲线，这是一条斜直线，表明试件处于弹性状态，应力与应变成线性关系。按加载方案在表 3－1 中记录各级载荷作用下的应变值。

表 3－1　各级载荷作用下的应变值记录表

载　荷	变形量	差　值

当试件即将进入屈服阶段时，屏幕会弹出对话框提示取下引伸计，此时要迅速取下引伸计，因为此后试件将进入屈服阶段。在载荷-变形图上将看到一个很长的波浪形曲线（表明试件处于流塑阶段），应力变化不大，但应变大大增加。如果不取下引伸计，引伸计将被拉坏。接着材料进入强化阶段，可将加载速度调至 5 mm/min，继续实验直至试件拉断。

⑨ 试件拉断后，立即按“停止”按钮。然后单击“保存数据”按钮，保存试验数据。取下试件，先将两段试件沿断口整齐地对拢，量取并记录拉断后两标距点之间的长度 l_1 及断口处最小的直径 d_1，并计算断后面积。

⑩ 数据处理。单击菜单栏中的“试验分析”，并在相应的对话框中选择需要计算的项目。然后单击“自动计算”按钮。需要打印时单击“试验报告”按钮，把需要输出的选项移到右侧的空白框内，在曲线类型栏中选择应力-应变曲线，单击“确定”按钮后打印试验报告。

⑪ 关闭软件和试验机。

3.5　实验结果处理

按表 3－1 中计算出的每级载荷作用下的变形增加量，根据式（3－3）计算每级载荷作用下的弹性模量 E_i，再把每级载荷作用下得到的 E_i 求平均值，有

$$E=\frac{\sum_{i=1}^{n}E_i}{n} \tag{3-4}$$

式（3－4）中的 n 为加载级数。根据实验结果，按式（3－4）计算的弹性模量即为最终实验结果。

3.6　思考题

1. 试验前为什么分别在夹紧试件前及开始加载前两次对“负荷、峰值、变形、位移、时间”等项目清零？

2. 测定 E 值时，最大载荷如何确定？为什么应力不能超过比例极限？

3. 计算 E 值时，为什么用 ΔP 而不直接使用每次的加载值？增量法的作用是什么？

第4章　金属材料的扭转实验

4.1　实验目的

① 测量低碳钢屈服切应力 τ_s 和抗扭强度 τ_b；

② 测量铸铁的抗扭强度 τ_b；

③ 分析比较低碳钢和铸铁的破坏情况。

4.2　仪器和设备

K－50 型扭转试验机、游标卡尺。

4.3　试　件

扭转试验所用试件与拉伸试件的标准相同，一般使用截面为圆形的试件，直径 $d_0 =$ 10 mm，平行长度 l 为 70 mm 或 120 mm。其他直径的试件，其平行长度为标距长度加上两倍直径。为了防止打滑，扭转试件的夹持段截面宜为类矩形，如图 4－1 所示。

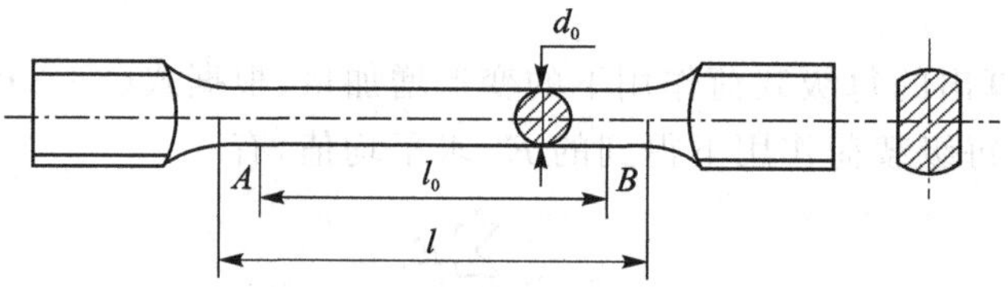

图 4.1　扭转试件

4.4　实验原理

因材料本身的差异，低碳钢扭转曲线有两种类型，如图 4－2 所示。扭转曲线表现为弹性、屈服和强化三个阶段，与低碳钢的拉伸曲线不尽相同，扭转曲线的屈服过程是由表面逐渐向圆心扩展，形成环形塑性区。当横截面的应力全部屈服后，试件才会全面进入塑性。在屈服阶段，扭矩基本不变或呈下降趋势的轻微波动，而扭转变形则继续增加。当首次扭转角增加而扭矩不增加（或保持恒定）时，此时的扭矩为屈服扭矩，记为 M_s；首次下降前的最大扭矩为上屈服扭矩，记为 M_{su}；屈服阶段中的最小扭矩为下屈服扭矩，记为 M_{sl}（不加说明时指下屈服扭矩）。对试件连续施加扭矩直至扭断，从试验机扭矩度盘上可读得最大值。考虑到整体屈服后的塑性变形对应力分布的影响，以及横截面上的应力近似均匀分布，因此在理论上，低碳钢扭转屈服切应力和抗扭强度的计算公式分别为

$$\tau_s = 3M_s/(4W_\rho),\quad \tau_b = 3M_b/(4W_\rho)$$

当铸铁试件扭转时,其扭转曲线不同于拉伸曲线,它有比较明显的非线性偏离(见图 4-3)。但由于试件变形很小就突然断裂,因此一般仍按弹性公式计算铸铁的抗扭强度,且铸铁没有屈服阶段,故横截面上的应力沿径向线性分布,所以在理论上,铸铁的抗扭强度计算公式为

$$\tau_b = M_b / W_\rho$$

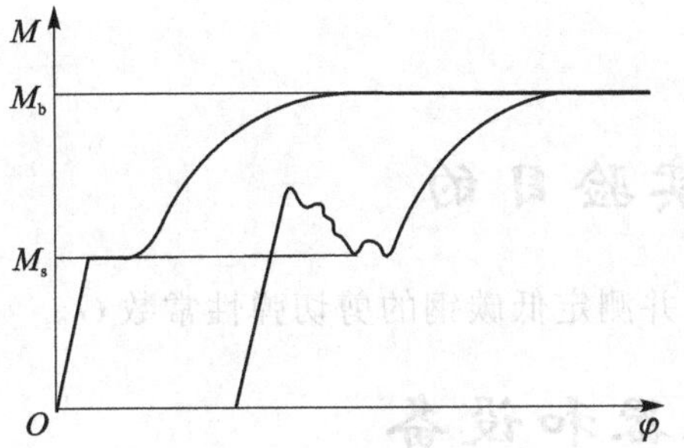

图 4-2　低碳钢扭转曲线

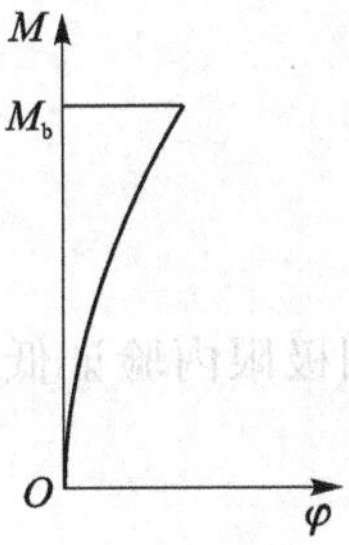

图 4-3　铸铁扭转曲线

4.4　实验操作步骤

1. 低碳钢

操作步骤如下:

① 打开电源开关,将机器预热 15 分钟。

② 选择合适的夹块安装在夹头上,将测量完直径的试件安装在固定夹头内,按扭矩清零键将扭矩清零,然后旋转加载手轮将试件的另一头装夹在夹头上。

③ 轻微逆时针摇动加载手轮,当扭矩的显示值刚有变化时,按角度清零键将角度清零。

④ 逆时针均匀摇动加载手轮,当扭矩值分别为 5 N·m、10 N·m、15 N·m 和 20 N·m 时,记录下对应的转角值。在扭矩达到 20 N·m 之前,速度要均匀缓慢,低碳钢在 20 N·m 前后会出现屈服,随时注意观察屈服扭矩 M_s。当测定得到 M_s 后,加载速度可以加快,但不能超过 360(°)/min。在持续加载过程中,记下 50°、200°、600°、1 000°、1 500°、2 000°、2 500°、3 000°对应的扭矩,以便画出扭矩-扭转角曲线图,直至扭断为止,记下最大扭矩和扭转角。

2. 铸　铁

试验方法与低碳钢的相同,但铸铁试件在扭转变形很小时就破坏了,因此一定要慢速均匀加载,并且每 10 N·m 记录一次转角值,直至扭断为止,记下最大扭矩和扭转角。

4.5　思考题

1. 低碳钢拉伸和扭转的断裂方式是否一样?破坏原因是否一样?

2. 铸铁在压缩破坏和扭转破坏试验中,断口外缘与轴线夹角是否相同?破坏原因是否相同?

3. 理论上在计算低碳钢的屈服点和抗扭强度时,为什么公式中有 3/4 的系数?分析低碳钢拉伸曲线与扭转曲线的异同点?

第 5 章 圆轴扭转时材料剪切弹性常数 G 值的测定

5.1 实验目的

在比例极限内验证低碳钢扭转胡克定律，并测定低碳钢的剪切弹性常数 G。

5.2 仪器和设备

K-50 型扭转试验机、转角仪。

5.3 实验原理

1. 原 理

在低碳钢试件上装置转角仪，如图 5-1 所示，两环分别固定在试件的两个截面上，两环间的距离 AB 即为受扭试件的标距。试件受扭后两截面间发生相对转动，此时，百分表的读数则为 δ（δ 指试件受扭后，两截面间产生的相对弧长），根据转角仪臂长 b 可算出 A、B 两截面的相对扭转角为 $\Delta\phi=\dfrac{\delta}{b}$。

当扭矩在 M_P 内时，在试件上采用"增量法"逐级加载，如果每增加同样大小的扭矩 ΔM_n，扭转角的增量 $\Delta\phi$ 也大致相等，则验证了胡克定律，并根据各次测得的扭转角增量的平均值算出剪切弹性常数 G。

实验值：

$$G=\frac{\Delta M_n\times L_0}{\Delta\phi\times I_P} \tag{5-1}$$

式中：L_0——试件的标距；

I_P——试件横截面的极惯性矩。

理论值：

$$G=\frac{E}{2(1+\mu)}$$

式中：E——低碳钢的拉（压）弹性模量；

μ——低碳钢的泊松比。

为了保证实验数据的可靠性，须重复进行三次实验，取其中一组线性较好的数据按式（5-1）计算。

2. 百分表（千分表）

百分表（千分表）的构造如图 5-2 所示。其基本原理为测杆上、下移动，通过齿轮传动，带动指针转动，将测杆轴线方向的位移量转变为百分表(千分表)的读数。把百分表的圆周边等分成 100 个小格(千分表分成 1 000 个小格)，百分表指针每转动一圈为 1 mm，每格代表 1/100 mm(在千分表上每格代表 1/1 000 mm)。

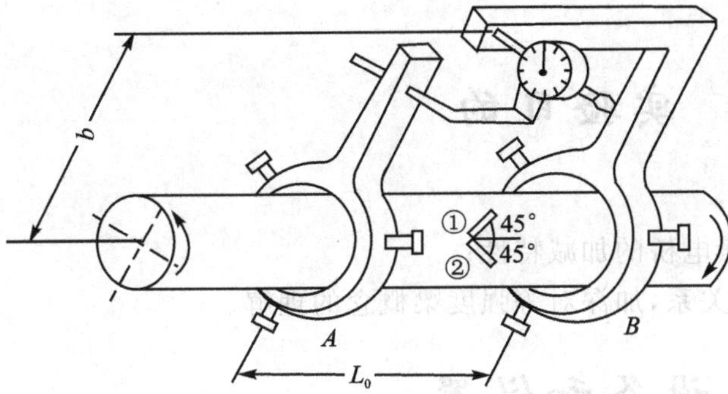

图 5-1　实验装置图

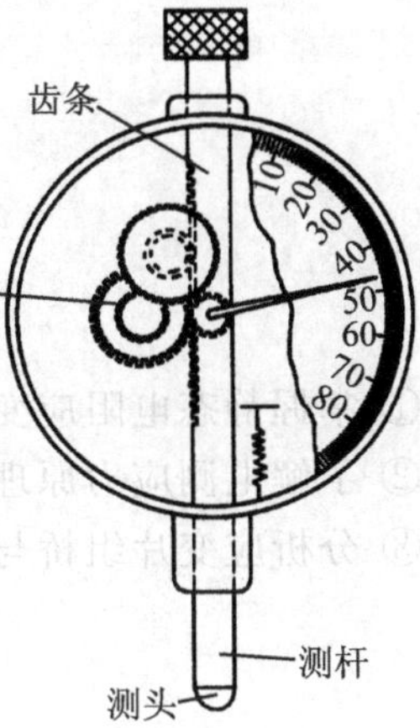

图 5-2　百分表构造图

5.4　实验操作步骤

将扭转试验机调整到“手动”状态，然后按加载方案手摇加载，并记录下相应百分表的读数和扭矩值。当扭矩加到 20 N·m 时停止加载。将实验数据填入表 5-1 中。

表 5-1　圆轴扭转实验数据表

扭矩/(N·m)	百分表读数 δ/(0.01 mm)	位移增量 $\Delta\delta$/(0.01 mm)
5		
10		
15		
20		
平均增量值 5		

根据实验数据可计算出 $E=200$ GPa，$\mu=0.25$。

5.5　思考题

1. 在实验中是怎样验证扭转胡克定律的？怎样测定和计算 G 值？

第 6 章　静态电阻应变仪操作及应变片组桥实验

6.1　实验目的

① 掌握静态电阻应变仪的使用方法；

② 了解电测应力原理，掌握直流测量电桥的加减特性；

③ 分析应变片组桥与梁受力变形的关系，加深对等强度梁概念的理解。

6.2　设备和仪器

① 50 kN 电子万能试验机一台；

② 静态电阻应变仪一台；

③ 等强度测试梁一套。

6.3　实验原理

实验装置如图 6-1 所示，梁的厚 $h=11.65$ mm、宽 $b(X)=X/9$，在 $X=200$ mm 和 $X=300$ mm 处，梁的上、下表面沿对称轴方向粘贴了四片电阻应变片 D_1、D_2、D_3、D_4。各电阻片的阻值均为 120 Ω，灵敏度系数为 2.12，电阻片长为 5 mm。由这四片电阻片在静态电阻应变仪上接成不同的测量桥路进行测量可以熟练掌握应变仪的使用。

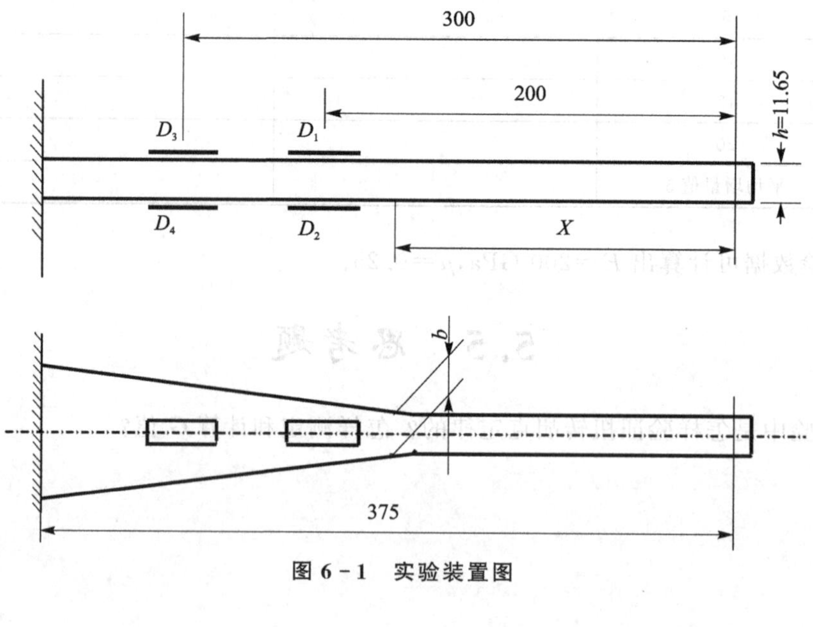

图 6-1　实验装置图

实验中，要明确电阻应变片和静态电阻应变仪的测量原理。

1. 电阻应变片测量原理

目前，常用的箔式电阻应变片是用 0.003～0.01 mm 高阻抗镍铜箔材经化学腐蚀等工序制成电阻箔栅，然后焊接引出线，涂上绝缘胶粘固到塑料基膜上。使用时，只需把基膜面用特制胶水牢固粘贴到构件的测点处。这样，当构件受力变形时，电阻应变片亦随之变形，电阻应变片的电阻值也将发生改变。其特性关系为

$$(\Delta R/R_0)/(\Delta L/L_0)=K$$

也就是说，应变片电阻的改变率与长度的改变率之比为一常数 K，而长度的改变率 $\Delta L/L_0=\varepsilon$。常数 K 也称电阻应变片的灵敏系数。当电阻应变片作为产品出厂时会给出 K、R_0、L_0 的值。

因此，只要有专门的电子仪器能测出应变片的电阻改变率 $\Delta R/R_0$，即可完成应力测量 $\sigma=E\varepsilon$。这种专门的电子仪器已广泛应用，就是静态电阻应变仪。

2. 静态电阻应变仪测量原理

静态电阻应变仪是依据惠斯顿电桥原理进行测量的。

惠斯顿电桥如图 6-2 所示。

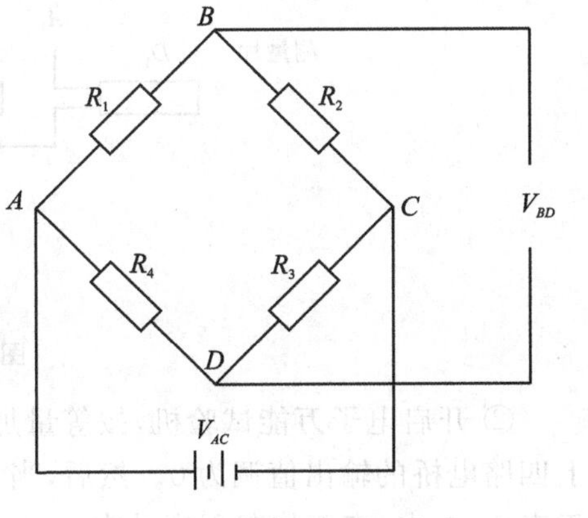

图 6-2　惠斯顿电桥

若在节点 A、C 之间给一直流电压 V_{AC}，则 B、D 之间有电压输出 V_{BD}，且 $V_{BD}=(R_1R_3-R_2R_4)V_{AC}/[(R_1+R_2)(R_3+R_4)]$，当 $R_1R_3=R_2R_4$ 时，称电桥满足平衡条件，此时 $V_{BD}=0$，且由该电桥特性知当 $R_1=R_2=R_3=R_4=R$ 时，电桥为全等臂电桥，有

$$\mathrm{d}V_{BD}=\frac{V_{AC}}{4}(\Delta R_1/R-\Delta R_2/R+\Delta R_3/R-\Delta R_4/R)$$

由于电阻应变片有 $\Delta R/R=K\varepsilon$，因此上式可写为

$$\mathrm{d}V_{BD}=K\frac{V_{AC}}{4}(\varepsilon_1-\varepsilon_2+\varepsilon_3-\varepsilon_4)$$

也就是说，电桥输出电压与四个桥臂上电阻应变片所产生应变的代数和成正比，即

$$4\mathrm{d}V_{BD}/K\ V_{AB}=(\varepsilon_1-\varepsilon_2+\varepsilon_3-\varepsilon_4)$$

令

$$4\mathrm{d}V_{BD}/K\ V_{AB}=\varepsilon$$

则

$$\varepsilon=(\varepsilon_1-\varepsilon_2+\varepsilon_3-\varepsilon_4)$$

这便是静态电阻应变仪的测量原理。同时，也表明了测量电桥的加减特性。利用电桥的加减特性可以根据不同的测量需求实现单臂、半桥、全桥等测量。要记住的是，静态电阻应变仪的显示值是微应变，即是应变 ε 的 $1/10^6$。

6.4 实验步骤

1. 单臂测量

实验步骤是：

① 把等强度测试梁上的四个电阻应变片 D_1、D_2、D_3、D_4 分别接入静态电阻应变仪四路电桥的 A、B 两点；四路电桥的 B 点短接连通，即可用一个电阻应变片进行温度补偿。把它接入一路电桥的 B、C 两点，形成公共补偿，实现多点测量。每个电桥的 R_3、R_4 两个桥臂电阻在应变仪内已接好，四路电桥各自形成一个测量回路。打开某路电桥，静态电阻应变仪显示窗即显示该路电桥所测的微应变值。温度补偿用电阻应变片是粘贴在与被测构件相同的材料块上，且不受载、置于测试点附近的电阻应变片，其作用是补偿测试点环境温度变化对测量结果造成的误差，测量桥路如图 6-3 所示。此时，应变仪测量方式选择键应选"单臂测量"。

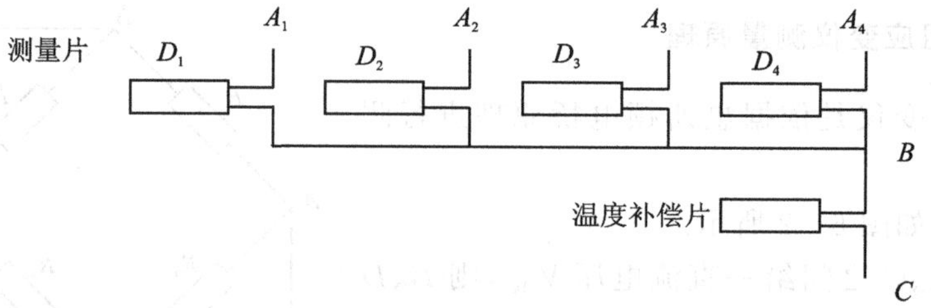

图 6-3 单臂测量桥路

② 开启电子万能试验机，按等量加载程序对试验梁加载。当 $F=0$ 时，将静态电阻应变仪上四路电桥的输出值调为0。然后，当 F 每增加 500 N 时，分别记录各路电桥测出的微应变值于表 6-1 中，直至加载程序结束。

表 6-1 实验数据记录表(单臂测量)

载荷测点		F/N							$\Delta\varepsilon$ 平均值	$\Delta\sigma=E\times\Delta\varepsilon$/MPa
		ΔF/N								
实验值	1	ε								
		$\Delta\varepsilon$								
	2	ε								
		$\Delta\varepsilon$								
	3	ε								
		$\Delta\varepsilon$								
	4	ε								
		$\Delta\varepsilon$								
理论值		ε								
		$\Delta\varepsilon$								

2. 半桥测量

实验步骤是：

① 在静态电阻应变仪某个测量电桥的 A、B、C 节点上按图 6-4 方法分别接入 D_1D_2、D_1D_3 和 D_1D_4 两个电阻应变片所进行的应变测量，称为半桥测量。由电桥特性知，半桥测量可放大或抵消应变输出值。

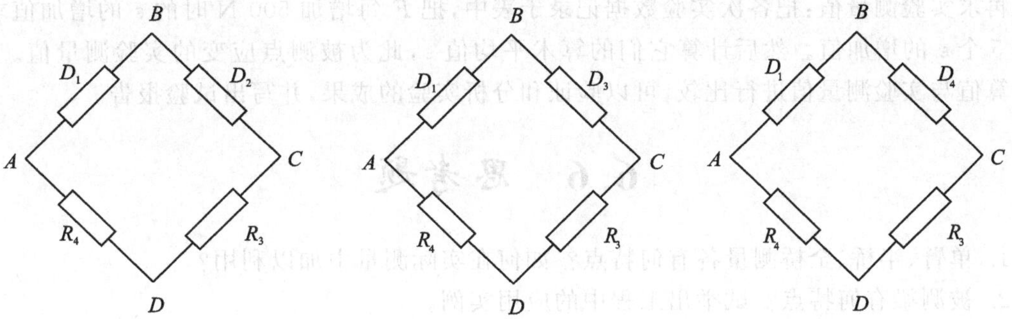

图 6-4　半桥测量桥路

② 开启电子万能试验机，按等量加载程序对试验梁加载。当 $F=0$ 时，将静态电阻应变仪上所接电桥的输出值调为 0。然后，当 F 每增加 500 N 时，分别记录各电桥测出的微应变值于表 6-2 中，直至加载程序结束。

表 6-2　实验数据记录表(半桥测量)

载荷/N 组桥形式	500	1 000	1 500	2 000	应变增量平均值
D_1D_2 组成半桥					
D_1D_3 组成半桥					
D_1D_4 组成半桥					

3. 全桥测量

实验步骤是：

① 在静态电阻应变仪某个测量电桥的 A、B、C、D 节点上按图 6-5 方法接入 D_1、D_2、D_3、D_4 四个电阻应变片所进行的应变测量，称为全桥测量。此时，静态电阻应变仪上测量方式选择键应选"全桥测量"。全桥测量可进一步放大或抵消应变输出值。

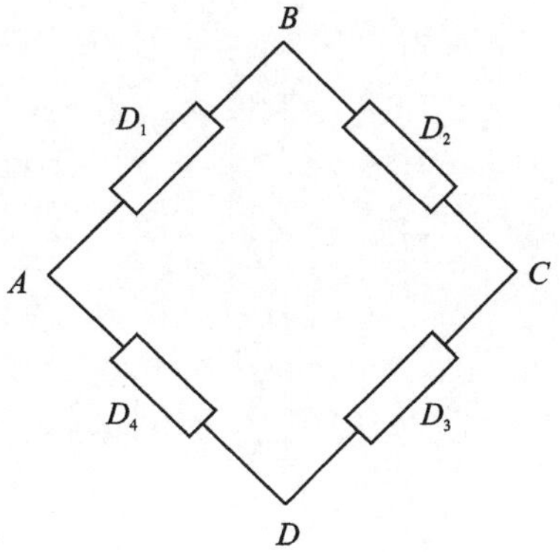

图 6-5　全桥测量桥路

② 开启电子万能试验机，按等量加载程序对试验梁加载。当 $F=0$ 时，将静态电阻应变仪上所接电桥的输出值调为 0。然后，当 F 每增加 500 N 时，分别记录该电桥测出的微应变值，直至加载程序结束。

6.5 实验结果处理

先求理论计算值：根据弯曲理论可知 D_1、D_3 测点受拉；D_2、D_4 测点受压，并且为单向应力状态，其应力大小 $\sigma=6FX/bh^2$。又由胡克定律 $\sigma=E\varepsilon$，在 $E=200$ GPa 时，知 $\varepsilon=6FX/Ebh^2$，此为被测点应变的理论计算值。

再求实验测量值：把各次实验数据记录于表中，把 F 每增加 500 N 时的 ε 的增加值求出，应有 5 个 ε 的增加值。然后计算它们的算术平均值 ε，此为被测点应变的实验测量值。将理论计算值与实验测量值进行比较，可以验证和分析实验的成果，并写出试验报告。

6.6 思考题

1. 单臂、半桥、全桥测量各有何特点？如何在实际测量中加以利用？
2. 被测梁有何特点？试举出工程中的应用实例。

第 7 章　纯弯曲梁上正应力测量实验

7.1　实验目的

① 掌握多点静态应变、应力的测量方法；

② 用电测法测量矩形梁在纯弯曲时正应力的大小及金属材料的泊松比 μ；

③ 通过正应力测量的结果分析，来验证正应力的理论计算公式。

7.2　仪器和设备

① 电子万能试验机一台；

② 纯弯曲测试梁一根；

③ 静态电阻应变仪一台。

7.3　实验原理

实验装置如图 7－1 所示，在矩形梁中间取截面 $I—I$。该截面上共有 6 个测点，其中上表面 2 个测点：一个纵向、一个横向；下表面一个纵向测点；侧面等分布置 3 个纵向测点。各测点上已粘贴电阻应变片。当电子万能试验机对矩形梁施加压力时，可分别测得 6 个测点处微应变的大小。其中 5 个纵向粘贴电阻应变片测出的应变就是由该点弯曲正应力作用产生的，且满足胡克定律。由此得到该点正应力为

$$\sigma = E\varepsilon$$

式中 E 为材料弹性模量，$E=200$ GPa。

而上表面的横向粘贴电阻应变片则是为测量泊松比 μ 准备的，即

$$\mu = |\varepsilon_{横向} / \varepsilon_{纵向}|$$

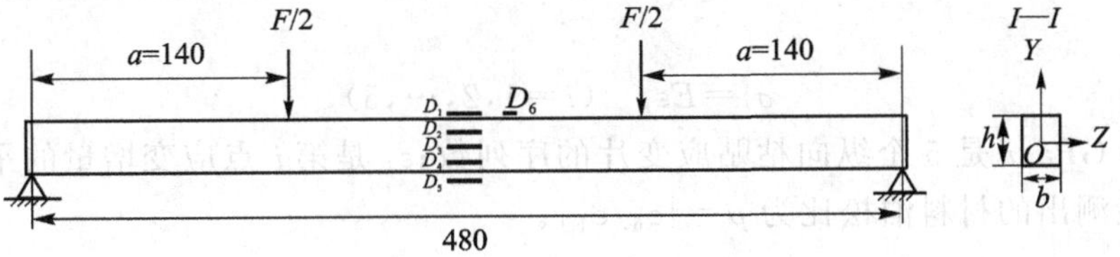

图 7－1　实验装置图

7.4 实验步骤

① 按单臂测量组桥方式把 6 个电阻应变片顺序接入静态电阻应变仪的 6 个测量电桥中，分别测出 6 个被测点在载荷作用下的微应变值。

② 开启电子万能试验机，按等量加载程序对试验梁加载。当 $F=0$ 时，将静态电阻应变仪上所接电桥的输出值调为 0。然后，当 F 每增加 500 N 时，分别记录该电桥测出的微应变值于表 7-1 中，直至加载程序结束。

表 7-1 实验数据记录表(纯弯曲梁正应力测量)

载荷测点									Δε 平均值	$\Delta\sigma=E\times\Delta\varepsilon$/MPa
		F/N								
		ΔF/N								
实验值	1	ε								
		$\Delta\varepsilon$								
	2	ε								
		$\Delta\varepsilon$								
	3	ε								
		$\Delta\varepsilon$								
	4	ε								
		$\Delta\varepsilon$								
	5	ε								
		$\Delta\varepsilon$								

7.5 实验结果处理

由弯曲理论知，纯弯曲梁横截面上各点正应力的大小为 $\sigma=-MY/I_Z$，式中 M 为弯矩；Y 为欲求点到弯曲中性轴的距离；I_Z 为梁的横截面对中性轴 Z 的惯性矩，且有 $I_Z=bh^3/12$。

所以，可理论计算截面 $I—I$ 上 5 个点的纯弯曲正应力的大小和方向。把这 5 个点上 $F=$ 500 N 时的弯曲正应力求得之后可与实验测出的这 5 个点上的弯曲正应力作比较。实验测出的正应力为

$$\sigma_i=E\varepsilon_i \quad (i=1,2,\cdots,5)$$

式中，$E=200$ GPa；i 是 5 个纵向粘贴应变片的序列数；ε_i 是第 i 点应变增量的平均值。

计算实验测出的材料泊松比为 $\mu=|\varepsilon_6/\varepsilon_1|$。

7.6 思考题

1. 弯曲正应力的大小是否受材料弹性模量 E 的影响？
2. 弯曲正应力沿梁的高度是怎样分布的？

第 8 章　弯曲变形测量实验

8.1　实验目的

① 掌握弯曲时矩形梁挠度和转角的测量方法；

② 进一步认识横截面形状、尺寸对梁刚度的影响；

③ 通过实验结果分析，来验证弯曲挠度和转角的理论计算公式。

8.2　仪器和设备

① 电子万能试验机一台；

② 矩形截面测试梁一根；

③ 百分表及磁性表座两付。

8.3　实验原理

实验装置如图 8－1 所示，由图知，当跨度为 380 mm 的简支梁中点受集中载荷 F 作用时，其作用力所在截面的挠度及支点 B 所在截面的转角分别为

$$f_C = FL^3/48EI$$

$$\theta_B = FL^2/16EI$$

式中 $E = 200$ GPa。通过上面二式可理论计算 f_C、θ_B。

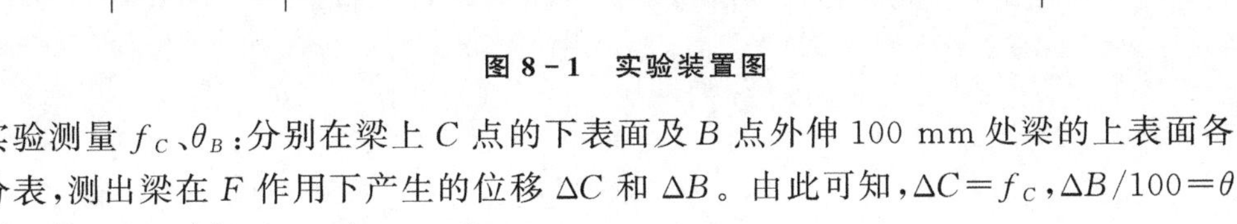

图 8－1　实验装置图

实验测量 f_C、θ_B：分别在梁上 C 点的下表面及 B 点外伸 100 mm 处梁的上表面各固定一个百分表，测出梁在 F 作用下产生的位移 ΔC 和 ΔB。由此可知，$\Delta C = f_C$，$\Delta B/100 = \theta_B$（因为 θ_B 很小，所以 θ_B 近似于 $\Delta B/100$ rad）。

注：百分表显示单位为每一小格等于百分之一毫米。

8.4 实验步骤

① 正确架放矩形梁,保证外伸长度为 100 mm。

② 调整固定好磁性百分表座,保证百分表测量头正确接触测量点。

③ 开启电子万能试验机,按等量加载程序对试验梁加载。

④ 当 F 每增加 800 N 时,分别记录两个百分表的显示值于表 8-1 中。

⑤ 卸去载荷,改变梁的摆放形式(竖放、横放),按上述步骤重新测量。

表 8-1 实验数据记录表(弯曲变形测量)

位移载荷/N	挠度测量/(0.01 mm)				转角测量/(0.01 mm)			
	平 放		竖 放		平 放		竖 放	
800								
1 600								
2 400								
3 200								

8.5 实验结果处理

由位移增量的平均值计算在 ΔF 作用下两种摆放形式梁的挠度和转角。比较同一根梁在同一载荷作用下因不同摆放形式所产生的不同刚度效果;比较 f_C 和 θ_B 的理论计算值与实验测量结果的差异,并分析其原因。

8.6 思考题

1. C 截面挠度最大,转角是否最大?
2. 百分表显示一小格为百分之一毫米,是否为"一丝米"?

第 9 章　弯扭组合梁主应力大小及方向的测定

9.1　实验目的

① 用电测方法测定弯扭组合变形梁主应力大小及方向。

② 掌握主应力大小及方向的理论和实测计算公式，并进行比较计算其误差值。

③ 掌握电阻应变花的应用。

9.2　仪器和设备

① 50 kN 微机控制电子万能试验机。

② TS3861 静态电阻应变仪。

③ 游标卡尺。

9.3　实验原理及装置

弯扭组合梁为一空心薄壁圆轴，材料为 45 号钢，其弹性模量为 $E=210$ GPa，$\mu=0.28$，横截面尺寸是：外径 $D=30$ mm，内径 $d=26$ mm。其一端固定，另一端装一固定加力臂端，轴与力臂端的轴线相互垂直，并且在同一水平面内。离悬臂端加载点的垂直距离 135 mm 处的 I—I 截面为被测位置，如图 9-1 所示。在此处圆轴表面的前后、上下（见图 9-2）的 A、C、B、D' 四个被测位置上，每处粘贴一枚三轴直角应变花，如图 9-3 所示，共计 12 片应变片，供不同的测试目的选用。

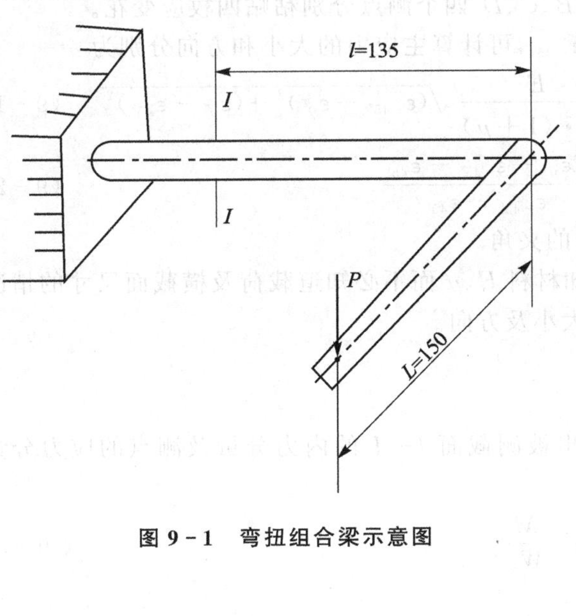

图 9-1　弯扭组合梁示意图

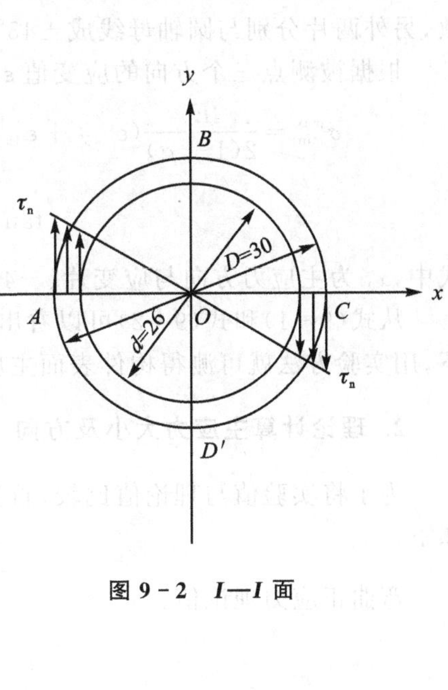

图 9-2　I—I 面

当加力臂端作用载荷 P 后，圆轴发生扭转与变形的组合变形，薄壁圆轴横截面上便有内力素：弯矩、扭矩和剪力。在 $I—I$ 截面的 A、C、B、D' 被测四个点上，其单元体上的应力状态如图 9-4 所示。

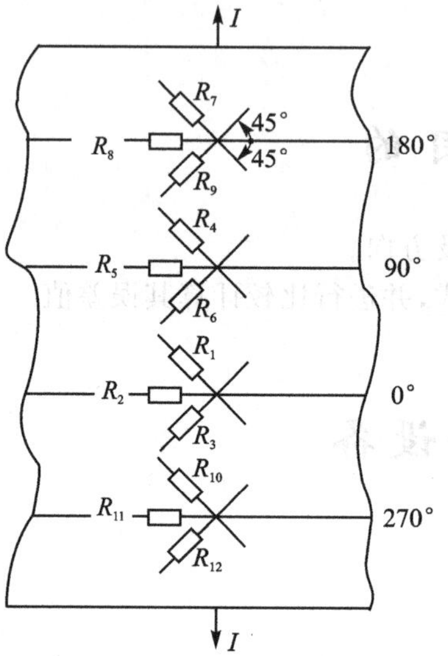

图 9-3 $I—I$ 截面布片展开图

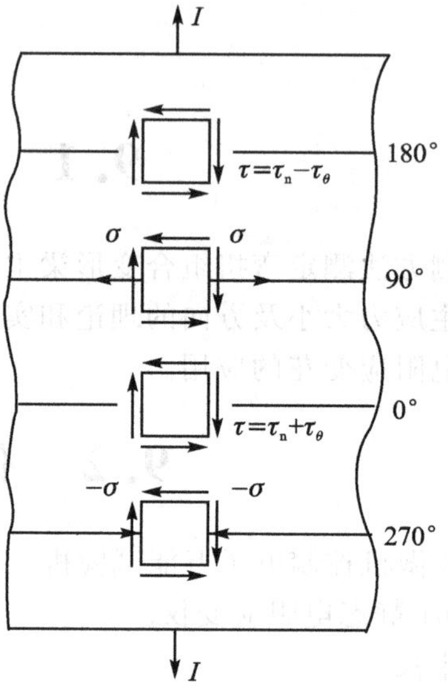

图 9-4 $I—I$ 截面单元体应力状态图

1. 实验测定主应力大小及方向

弯扭组合变形构件表面上一点处于平面应力状态，由应力-应变广义胡克定律可知，为了确定一点处的主应力，可在该点处粘贴一直角应变花，该直角应变花由三个应变片组成，即由 +45°方向的应变片、0°方向的应变片和 −45°方向的应变片组成。只要用静态电阻应变仪将这三个方向上的线应变测出，代入公式即可计算出主应变的大小和方向。

为了兼测其他实验值，本实验采用直角应变花，并使中间的应变片方向与圆轴母线方向一致，另外两片分别与圆轴母线成±45°，在 A、B、C、D' 四个测点分别粘贴四枚应变花。

根据被测点三个方向的应变值 $\varepsilon_{45°}$、$\varepsilon_{0°}$、$\varepsilon_{-45°}$，可计算主应力的大小和方向分别为

$$\sigma_{\min}^{\max}=\frac{E}{2(1-\mu)}(\varepsilon_{-45°}+\varepsilon_{45°})\pm\frac{E}{\sqrt{2}\cdot(1+\mu)}\sqrt{(\varepsilon_{-45°}-\varepsilon_{0°})^2+(\varepsilon_{0°}-\varepsilon_{45°})^2} \tag{9-1}$$

$$\tan 2\alpha_0=\frac{2\varepsilon_{0°}-\varepsilon_{-45°}-\varepsilon_{45°}}{\varepsilon_{-45°}-\varepsilon_{45°}} \tag{9-2}$$

式中，α_0 为主应力方向与应变片(−45°)方向的夹角。

从式(9-1)和式(9-2)可以看出，在已知材料 E、μ 而不必知道载荷及横截面尺寸的情况下，用实验方法就可测得构件表面主应力的大小及方向。

2. 理论计算主应力大小及方向

为了将实验值与理论值比较，首先计算出被测截面 $I—I$ 的内力分量及测点的应力分量如下。

弯曲正应力理论值：

$$\sigma=\frac{M}{W_z} \tag{9-3}$$

扭转剪应力理论值：

$$\tau_n = \frac{M_n}{W_p} \tag{9-4}$$

最大弯曲剪应力理论值（A、C 两处）：

$$\tau_{\theta\max} = \tau_{\theta A} = \tau_{\theta C} = \frac{2\theta}{A} \tag{9-5}$$

式(9－3)～式(9－5)中：M、M_n、θ 分别是根据载荷计算的 $I—I$ 截面的弯矩、扭矩和剪力；W_z、W_p、A 分别是横截面抗弯截面模量、抗扭截面模量和横截面面积，并有

$$W_z = \frac{\pi D^3}{32}\left[1-\left(\frac{d}{D}\right)^4\right], \quad W_p = \frac{\pi D^3}{16}\left[1-\left(\frac{d}{D}\right)^4\right]$$

则 $I—I$ 截面各测点主应力大小及方向的理论值为

$$\sigma_{\min}^{\max} = \frac{\sigma}{2} \pm \sqrt{\left(\frac{\sigma}{2}\right)^2 + \tau^2} \tag{9-6}$$

$$\tan 2\alpha = -\frac{2\tau}{\sigma} \tag{9-7}$$

根据式(9－3)～式(9－7)五个公式，可分别计算出 A、B、C、D'四个测点的主应力大小和方向夹角的理论值，然后与实验值进行比较。

9.4　实验步骤

1. 测量组合梁相关尺寸

测量薄壁圆轴的内外直径，测量 l（测点到横加载臂中线的垂直距离），测量 L（加载点到圆轴中心线的垂直距离），如图 9－1 所示。

2. 制定加载方案

根据材料的许用应力，加载的最大载荷为 500 N，采用等量加载法，即每次加 100 N，加 5 次。

3. 试验机准备

用 50 kN 微机控制电子万能试验机控制加载。双击桌面上的 WinWdw－PCI 图标，进入实验操作系统，单击试验操作，单击自动程序，在控制程序窗口中选择弯扭组合主应力程序，单击“新建试样”。

4. 仪器准备

选择好静态电阻应变仪的通道，将测点应变片的连接导线按单臂测量桥路分别接到应变仪通道 A、B 点，温度补偿片连接 B、C 点。A 点的－45°片接 1 通道、0°片接 2 通道、＋45°片接 3 通道。B 点的－45°片接 4 通道、0°片接 5 通道、＋45°片接 6 通道，以此类推。

5. 进行实验

单击程序开始，每加 100 N 载荷后，在应变仪通道上分别读取对应的应变片应变值，并记

录在表 9－1 中，一直增加到 500 N 为止，卸载检查数据。

表 9－1　实验数据记录表(弯扭组合梁主应力大小及方向测量)

载荷 P/N	读数应变($10^{-6}\varepsilon$)											
	A						B					
100	−45°		0°		+45°		−45°		0°		+45°	
200												
300												
400												
500												
平均应变($10^{-6}\varepsilon$)												
载荷 P/N	C						D					
100	−45°		0°		+45°		−45°		0°		+45°	
200												
300												
400												
500												
平均应变($10^{-6}\varepsilon$)												

9.5　实验结果处理

根据实验所测数据，采用平均增量法计算出应变，再根据材料的弹性模量 E 和泊松比 μ 计算出主应力的大小及方向，并与理论值比较。

9.6　注意事项

① 本实验的最大载荷为 500 N，切勿超载。

② 不能用位移加载，应采用程序控制加载。

③ 实验进行中不要单击停止或暂停按钮。

9.7　思考题

1. 弯扭组合变形所测四点的主应力大小及方向有什么关系？
2. 如果只测弯扭组合变形的主应力大小及方向，那么应变花怎样粘贴最合适？
3. 主应力大小及方向测量值的误差由哪些因素引起？

第 10 章　弯扭组合梁变形时内力素的测定

10.1　实验目的

① 用实验方法测定薄壁圆轴在载荷作用下，在危险横截面上产生的弯矩、扭矩、剪力。

② 测定剪切弹性常数 G。

③ 掌握电阻应变仪的桥路连接方法。

10.2　仪器和设备

① 50 kN 微机控制电子万能试验机。

② 弯扭组合梁实验装置。

③ TS3861 静态电阻应变仪。

④ 游标卡尺。

10.3　实验原理及装置

基本原理与 9.3 节相同，利用图 9－3 上的应变花，用静态电阻应变仪组成不同桥路的连接来测取弯扭组合梁在变形时的内力素。

1. 弯矩 M 的测定

用上、下（B、D）两测点的 0°片组成如图 10－1 所示的半桥测量桥路，测得由弯曲引起的 B、D 两点的正应变为 $\varepsilon=\varepsilon_m/2$，其中，$\varepsilon_m$ 为应变仪的读数应变。若薄壁圆轴的弹性模量 E 及横截面尺寸为已知，则根据所测得的 ε 值，可计算被测截面的弯矩 M 为

$$M=\sigma\cdot W_z=E\cdot\varepsilon\cdot W_z=\frac{\varepsilon_m}{2}\cdot E\cdot W_z \tag{10-1}$$

式中，W_z 为薄壁圆轴横截面的抗弯截面模量。

2. 剪力 θ 的测定

用 A、C 两测点的＋45°和－45°方向的四片应变片组成如图 10－2 所示的全桥测量桥路，可测得由剪力引起的剪应变大小为 $\gamma_\theta=\frac{1}{2}\varepsilon_\theta$，其中，$\varepsilon_\theta$ 为应变仪的读数应变。若 E、μ 及横截面尺寸为已知，则根据上面测得的 ε_θ 值，可计算被测截面的剪力 θ 为

$$\theta=\frac{E}{4(1+\mu)}\gamma_\theta\cdot A=\frac{E\cdot\varepsilon_\theta}{8(1+\mu)}\cdot A \tag{10-2}$$

式中，A 为薄壁圆轴横截面面积，γ_θ 为由剪力 θ 引起的剪应变。

3. 扭矩 M_n 的测定

用 A、C 两测点的 $-45°$ 和 $+45°$ 方向的四片应变片组成如图 10－3 所示的全桥测量桥路，可测得由扭矩 M_n 引起的剪应变大小为 $\gamma_n = \frac{1}{2}\varepsilon_n$，其中 ε_n 为应变仪的读数应变。若薄壁圆轴的弹性模量 E、μ 及横截面尺寸为已知，则可计算被测截面的扭矩 M_n 为

$$M_n = \frac{E}{2(1+\mu)}\gamma_n \cdot W_p = \frac{E \cdot \varepsilon_n}{4(1+\mu)} W_p \qquad (10-3)$$

式中，W_p 为薄壁圆轴横截面的抗扭截面模量。

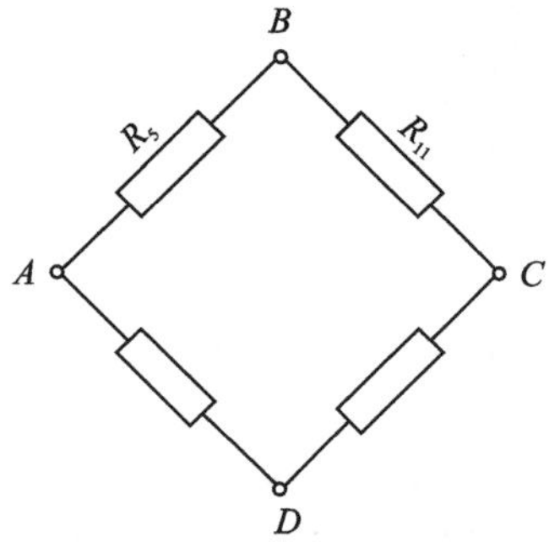

图 10－1 弯矩测量桥路

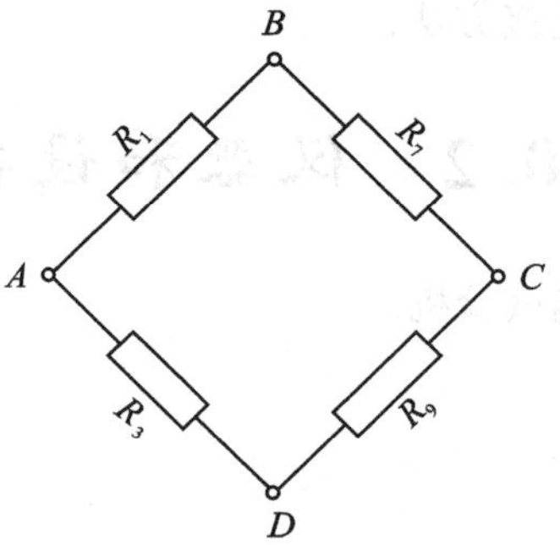

图 10－2 剪力测量桥路

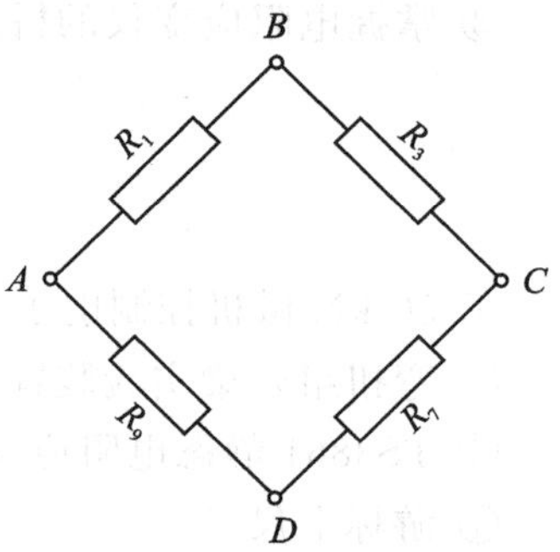

图 10－3 扭矩测量桥路

4. 确定剪切弹性常数 G

用 I—I 截面上计算出的扭矩 M_n，计算由扭矩引起的剪应力理论值 $\tau_n = \frac{M_n}{W_p}$，代入剪切胡克定律公式（$\tau_n = G \cdot \gamma_n$），即可得到剪切弹性常数 G 的实验值为

$$G = \frac{\tau_n}{\gamma_n} \qquad (10-4)$$

式中，γ_n 为由扭矩引起的剪应变。而剪切弹性常数的理论值为 $G = \frac{E}{2(1+\mu)}$。

10.4 实验步骤

1. 测量组合梁的相关尺寸

测量薄壁圆管的内外直径，测量 l（测点到横加载臂中线的垂直距离），测量 L（加载点到圆轴中心线的垂直距离），如图 9－1 所示。

2. 制定加载方案

根据材料的许用应力，加载的最大载荷为 500 N，采用等量加载法，即每次加 100 N，加

5 次。

3. 试验机准备

用 50 kN 微机控制电子万能试验机控制加载。双击桌面上的 WinWdw－PCI 图标，进入实验操作系统，单击试验操作，单击自动程序，在控制程序窗口中选择弯扭组合内力素程序，单击“新建试样”。

4. 仪器准备

将薄壁圆管 $I—I$ 截面上应变片连接的导线，按不同的测试目的接入应变所选通道，组成不同的测量桥路，测弯矩接成半桥电路，测扭矩、剪力接成全桥电路（参照图 10－1～图 10－3）。

5. 进行实验

单击开始，每增加 100 N，在应变仪通道上分别读取弯矩、扭矩和剪力应变值，并记录在表 10－1 中，一直加到 500 N 为止，卸载检查数据。

表 10－1　实验数据记录表（弯扭组合梁内力素的测量）

载荷 P/N	读数应变（$10^{-6}\varepsilon$）					
	弯矩 ε_m		剪力 ε_θ		扭矩 ε_n	
100						
200						
300						
400						
500						
平均应变（$10^{-6}\varepsilon$）						

10.5　实验结果处理

分别计算出下列数据的实验值和理论值，并计算它们的相对误差及加以分析：

① 截面 $I—I$ 上的弯矩、扭矩和剪力值。

② 截面 $I—I$ 上分别由弯矩、扭矩和剪力引起的最大应力值。

③ 计算材料的剪切弹性常数 G。

10.6　思考题

1. 采用上述三种不同桥路可以分别测出哪三种应力分量？
2. 试推导公式（10－3）。

第11章　压杆稳定实验

11.1　实验目的

① 观察细长杆中心受压时丧失稳定的现象。

② 用电测实验方法测定各种支承条件下压杆的临界压力 $P_{cr实}$，增强对压杆承载及失稳的感性认识。

③ 将实测临界压力 $P_{cr实}$ 与理论计算临界压力 $P_{cr理}$ 进行比较，并计算其误差值。

11.2　仪器和设备

① 50 kN 微机控制电子万能试验机。

② 计算机。

③ 游标卡尺。

11.3　实验原理及试件

当细长杆所受的轴向压力转小时，杆的轴向变形较小，它与载荷成线弹性关系。即使给杆以微小的侧向干扰力使其稍微弯曲，但在解除干扰后，压杆最终将恢复其原形即直线形状，如图 11－1(a)所示，这表明压杆的平衡状态是稳定的。

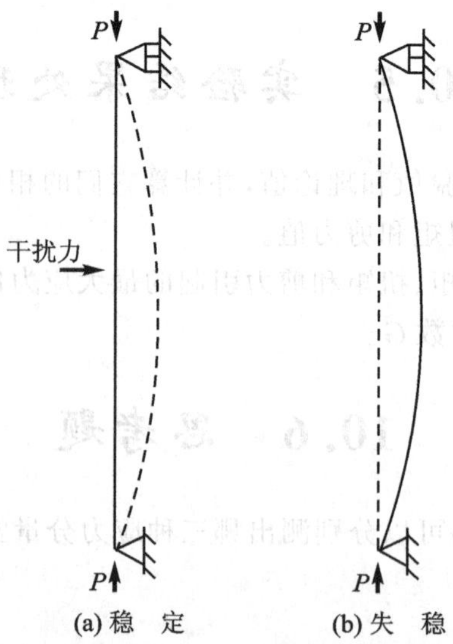

图 11－1　压杆的稳定与失稳现象

当轴向压力逐渐增大，超过某一值时，压杆受到微小的干扰力后弯曲，在解除干扰后，压杆不能恢复直线形状，将继续弯曲，产生显著的弯曲变形，即丧失了原有的平衡状态，这表明压杆的平衡状态是不稳定的。使压杆从直线形状的平衡状态开始由稳定转变为不稳定的轴向压力值，称为压杆的临界载荷，用 $P_{cy实}$ 表示，如图 11-1(b)所示。压杆丧失其直线形状的平衡而过度为曲线平衡，称为丧失稳定或简称失稳。由失稳造成失效，此失效并非强度不足，而是稳定性不够。

在压杆中部两面纵横粘贴四枚应变片组成全桥，如图 11-2 和图 11-3 所示，应变片的阻值是 350 Ω，电桥的 A、C 和 B、D 端的输出信号输入计算机进行数据处理并放大 3.76×10^3 倍，经窗口显示压杆的变形量，将变形量除以放大倍数 3.76×10^3 可计算出压杆的应变 ε。再由应变计算出压杆在临界力作用下的应力 $\sigma=E\varepsilon$。从压杆的临界应力可见，细长杆弹簧钢的临界应力比比例极限应力小得多。所以细长压杆丧失承载能力并不是材料强度不够，而是稳定性不够。

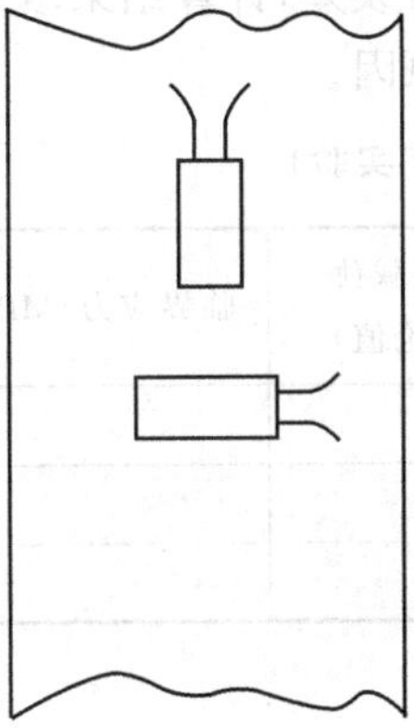

图 11-2　应变片粘贴位置

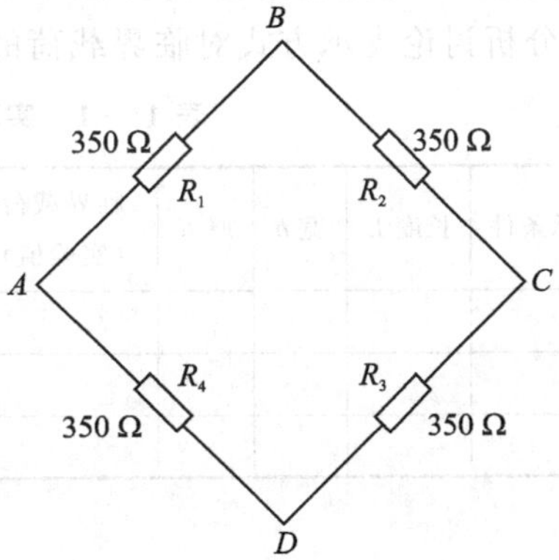

图 11-3　应变片组成的全桥

试件：材料为弹簧钢，$E=210$ GPa，长度 $L=300$ mm，宽度 $b=20$ mm，厚度 $h=2.96$ mm。在试件的中部粘贴四枚应变片组成全桥，用来测量压杆的变形。

试验采用 50 kN 微机控制电子万能试验机对试件施压，压力的大小通过测力传感器经计算机负荷区显示，变形则通过将压杆中部所贴应变片接入计算机中进行数据处理后，将变形结果显示出来。在计算机上观察试验曲线和测得的各临界载荷 N，输出的图形是负荷-变形曲线。

11.4　实验步骤

① 选定实验组合方式，根据需要任选 1、2 种组合方式进行实验，在实验台上装夹好试件及配件。压杆稳定有四种情况：ⓐ两端铰支。ⓑ一端固定，另一端自由。ⓒ一端固定，另一端铰支。ⓓ两端固定。它们的临界载荷的一般表达式为

$$F_{cr}=\frac{(3.14)^2\cdot E\cdot I}{(\mu l)^2}$$

式中，μ 为长度因素，支承不同，μ 值不同($\mu=1$、2、1/2、0.7)。

② 打开计算机，双击桌面上的 WinWdw－PCI 图标，进入实验操作系统，单击试验操作，单击位移控制，选用 0.2～0.5 mm/min 的速度，选用压向。

③ 单击开始即可缓慢加载试验，观察试验曲线。在实验过程中，左上边显示压力载荷，右边显示压力与变形的试验曲线，即负荷-变形曲线。当图形由直线转变为曲线时，说明压杆的临界力出现，应立即单击停止加载，然后单击保存数据。

④ 进行试验分析。单击文件操作，选择打开曲线数据文件，调出存盘的文件，显示试验曲线，单击试验报告，输入相关信息，选择试验结果输出项，选择负荷-变形曲线类型，打印报告，将屏幕上的曲线和数据传递到打印机打印出来。

11.5 实验结果处理

① 根据测量的试件尺寸，计算压杆横截面的最小惯性矩 I，计算各种支承下的临界压力载荷 P_{cr} 的理论值，以理论值为准，计算临界压力载荷实验值的相对误差，计算结果填入表 11－1 中。

② 分析讨论支承方式对临界载荷的影响，并分析误差原因。

表 11－1 实验数据记录表(压杆稳定实验)

压杆支承条件	长度 L	宽 b	厚 h	临界载荷（实验值）	临界应力/MPa	临界载荷（理论值）	临界应力/MPa	相对误差/%

11.6 思考题

1. 临界载荷是在什么情况下测得的？
2. 压杆失稳后，变形与载荷是否还呈线性关系？
3. 讨论 $P_{cr实}$ 实验值误差产生的原因。

第 12 章　冲击实验

12.1　实验目的

测量钢材与铸铁的冲击韧度，观察破坏情况，并进行比较。

12.2　实验设备

JB－W300 微机控制摆锤式冲击试验机。

12.3　实验原理和安装

材料的变形速度不同，其机械性质也会随之发生变化。在工程上常采用“冲击韧度”来表示材料的抗冲击能力。

把金属材料制成标准试件如图 12－1 所示，安置在试验机上，使它受冲击而折断。计算冲击所消耗的能量 U，将能量 U 除以缺口处的横截面面积 $A = 10\ \text{cm} \times 8\ \text{cm}$ 所得的数值定义为材料的冲击韧度∂_k，即

$$\partial_k = \frac{U}{A} \quad (\text{kg} \cdot \text{m/cm}^2)$$

在试件上制作缺口是为了使试件由该处折断。分析表明，在缺口根部发生应力集中。

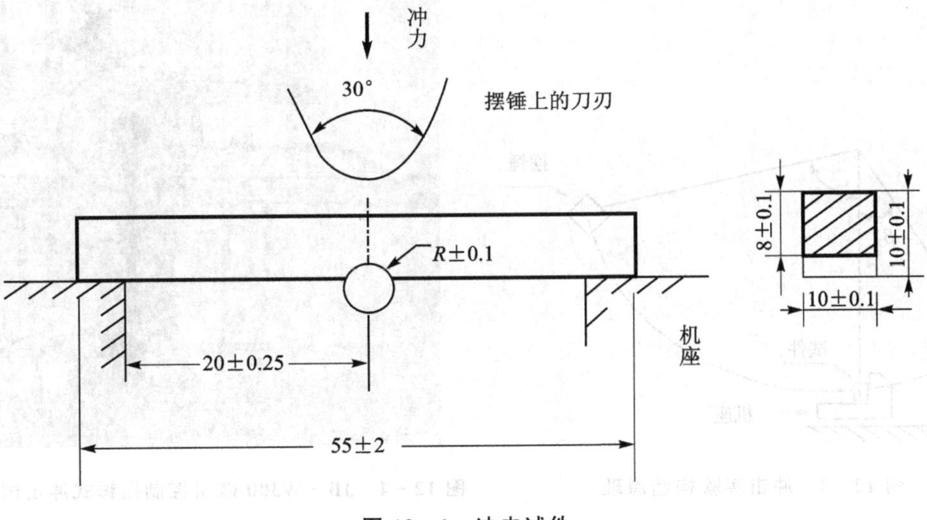

图 12－1　冲击试件

图 12－2 所示为试件弯曲时缺口截面上的应力分布图。缺口根部 N 点的拉应力很大，在缺口根部的 M 点处，材料处于三向拉应力状态。某些金属在静力拉伸下表现出良好的塑性，但处于三向拉应力状态下却有脆性增大的倾向。所以塑性材料的试件在冲击作用下，一般都呈现脆性破坏方式(断裂)。实验表明，缺口的形状、试件的绝对尺寸和材料的性质等因素都会影响断口附近参与塑性变形的体积，因此，冲击实验必须在规定的标准下进行。同时，缺口的加工也十分重要，一般应当用铣削或磨削，以保证尺寸准确。

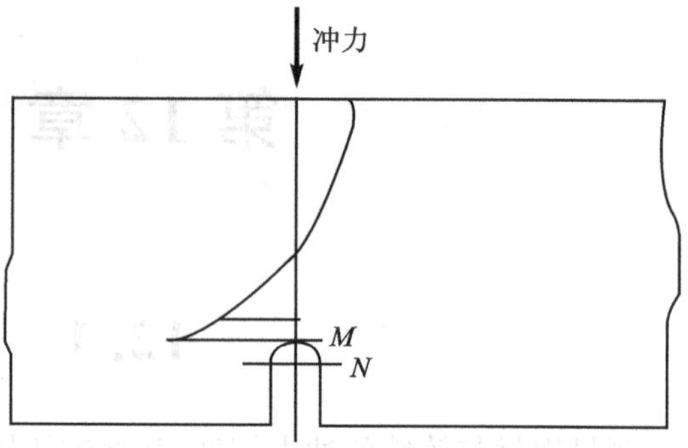

图 12－2　缺口处的应力集中现象

∂_k 对材料的品质、内部缺陷和晶粒大小等比较敏感。再加上冲击实验简单易行，所以常用来检验材料质量、内部缺陷和脆性程度等。尤其是冲击韧度对低温更敏感，因此常测定低温下的冲击韧度，用以鉴别低温冷脆现象。

冲击实验的构造原理如图 12－3 所示，其外形如图 12－4 所示。微机控制摆锤使它向上摆起(图示为角)，于是摆锤有一定的能量。实验时，令摆锤突然下落，冲击安装在机座上的试件，将试件冲断。试件折断所消耗的能量等于摆锤原来的能量(在∂角处)与其冲断试件后在扬起位置(在 β 角处)时的能量之差。

进行实验时，先安装好试件，然后用微机控制摆锤。试件折断后，切勿马上捡回，以免摆锤伤人。

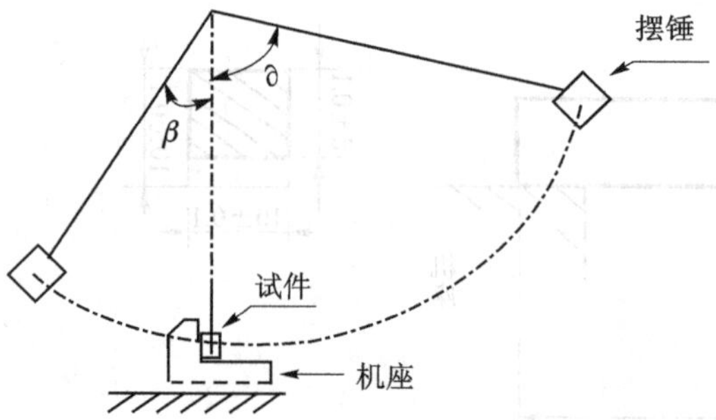

图 12－3　冲击实验构造原理

图 12－4　JB－W300 微机控制摆锤式冲击试验机

12.4　实验步骤

① 学习冲击试验机的使用。

② 在安装试件之前先进行空打，记录试验机因摩擦阻力所消耗的能量，并校对零点。

③ 分别安装低碳钢与铸铁试件，测定其冲击韧度。

12.5　实验结果处理

根据试件折断所消耗的能量，计算低碳钢与铸铁的冲击韧度，并进行比较。观察两种材料断口的差异。

12.6　注意事项

进行本实验时要特别注意安全。当摆锤抬起时绝对不许身体进入摆锤的打击范围内，否则有生命危险。

第 13 章　光弹性认识实验

13.1　实验目的

① 了解光弹仪的结构、原理和操作方法。

② 了解等差线的特点，使用纯弯曲梁测定光弹性材料条纹值。

13.2　仪器和设备

光弹仪、米尺和游标卡尺。

13.3　实验原理

材料条纹值 f 只与模型材料的光学常数和光源波长有关，而与模型尺寸和受力方式无关。所以凡是有理论解的试件，如单向均匀拉伸、纯弯曲、对径受压圆盘和半无限平面体等，都可用来测定材料条纹值。因为有理论解的问题(模型)，等号左边的两个主应力差是已知值，等号右边的 n 可由模型等差线图中的计数得到，从而可确定出材料条纹值 f；测定时难免有视场误差，应多做几次，取其平均值。本实验通过纯弯曲梁测定 f 值。

由平面光弹性的应力-光定律可知

$$\sigma_1-\sigma_2=\frac{nf}{b}$$

对于纯弯曲梁，有

$$\sigma_1=\frac{M}{I}y,\quad \sigma_2=0$$

所以有

$$f=\frac{bM}{nI}y=\frac{12M}{nh^3}y=\frac{6Fa}{nh^2}\frac{H_0}{H'}$$

式中，M 为弯矩，b 为梁的实际厚度，h 为梁的实际高度，H_0 为等差线图(见图 13－1)中两根 n 级条纹之间的距离，H' 为等差线图中梁上、下边界之间的距离。

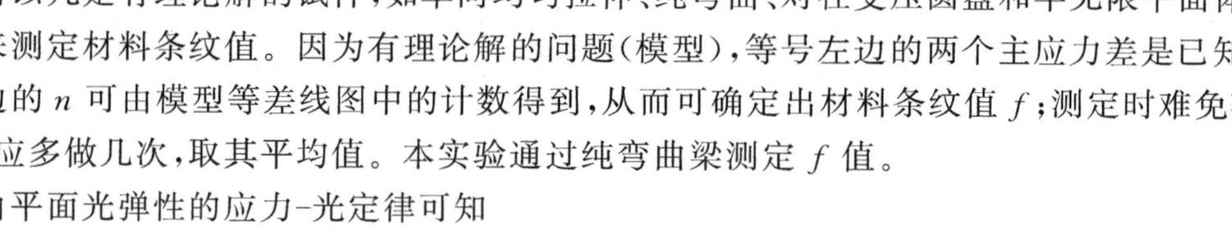

图 13－1　纯弯曲梁等差线示意图

13.4　实验步骤

① 按圆偏振光暗场布置光路。

② 测量模型尺寸 h 和 b，并按图 13-2 画好支座和加力定位线，确定 a 值。

③ 根据定位线安装成纯弯曲梁受力形式。开启白光光源，对模型施加少许载荷，调整成像系统，使得屏幕上出现大小适宜的清晰图像；并观察条纹图的对称性，若不对称，则调整加载装置直到对称为止。

④ 逐级加载，观察等差线的变化规律，当纯弯曲段上下边缘附近的等差线级数达到 4～5 级时，停止加载。分析等差线特点及条纹变化规律，找到零级条纹位置。

⑤ 在屏幕上测量 H_0 与 H' 的值，并记下载荷 F。

⑥ 计算材料条纹值 f。

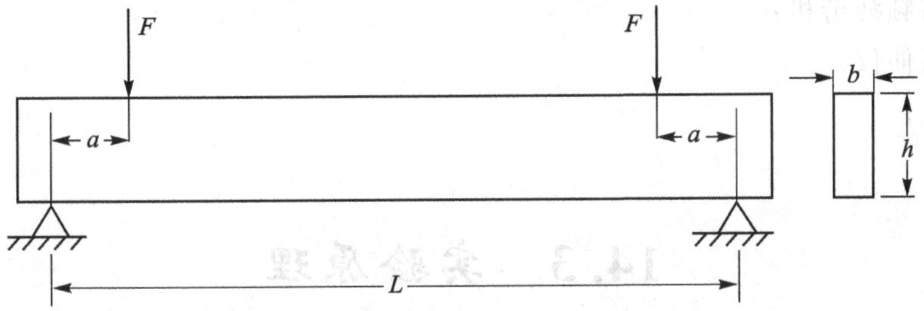

图 13-2　纯弯曲梁模型受力图

13.5　思考题

使用白光光源，等差线为什么呈现出彩色条纹(见图 13-3)？

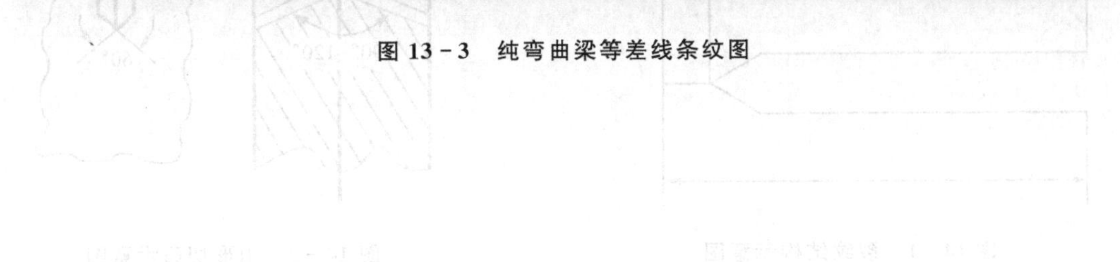

图 13-3　纯弯曲梁等差线条纹图

第 14 章　疲劳裂纹的预制

14.1　实验目的

为测定金属材料的平面应变断裂韧度 K_{IC} 而预制疲劳裂纹。

14.2　仪器和设备

① 程控高频疲劳机；
② 镜式引伸仪；
③ 高度尺；
④ 平台。

14.3　实验原理

由于线弹性断裂力学所研究的对象是尖锐裂纹，所以，测定 K_{IC} 所用试件的裂纹尖端必须是尖锐的，这种尖锐裂纹常利用疲劳试验的方法加以制作。通常的做法是先用机械加工方法或电火花方法加工出一引发缺口，然后在疲劳试验机上加交变循环载荷预制出疲劳裂纹。因此，试件的裂纹由引发缺口和疲劳裂纹两部分组成，裂纹长度 a 就等于引发缺口长度 a_0 与疲劳裂纹长度 a_f 之和（见图 14－1），裂纹长度 a 应在 $0.45W \sim 0.55W$（W 为试件的高度）之间。为避免引发缺口根部附近材料状态变化对裂纹尖端附近材料性质的影响，制作出合格的裂纹，要求引发缺口长度比疲劳裂纹长度大，通常在 $a_f \geqslant 0.05a$ 与 $a_f \geqslant 1.3$ mm 中选较大值为疲劳裂纹长度。

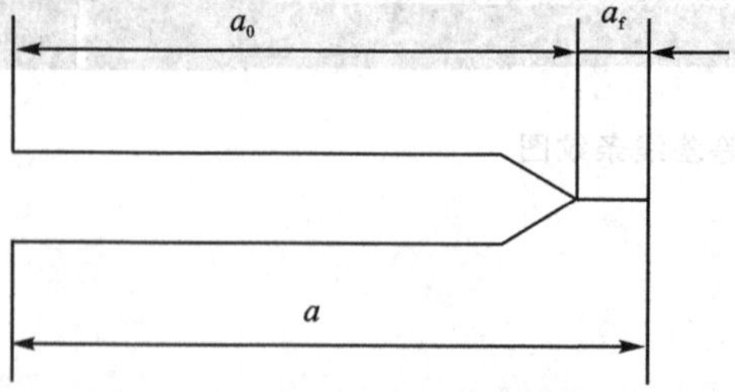

图 14－1　裂纹结构示意图

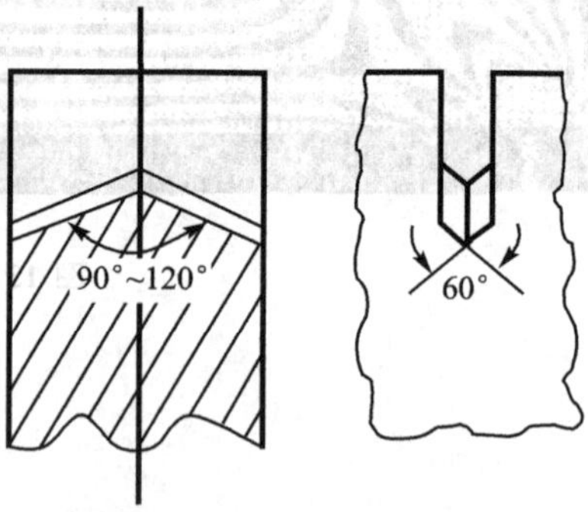

图 14－2　山形切口示意图

疲劳裂纹引发缺口共有四种形式：直通型缺口、山形缺口（见图 14－2）、末端为圆孔的缺口及钼丝切割的缺口。为保证顺利地预制出合格的疲劳裂纹，切口根部半径应足够小。其中，山形切口的根部半径小于或等于 0.25 mm，其余切口的根部半径小于或等于 0.08 mm。

三点弯曲疲劳试件及实验装置如图 14－3 所示。

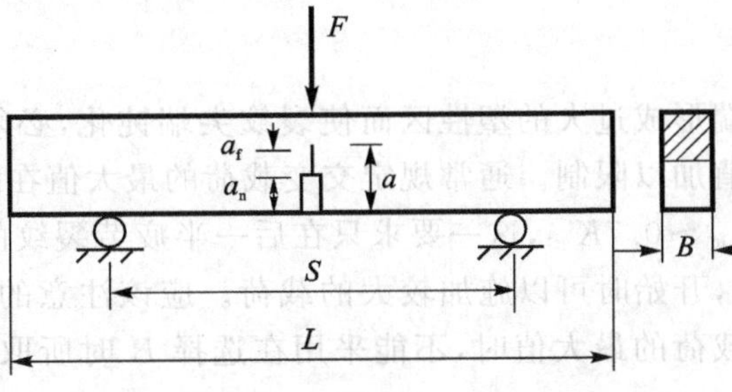

图 14－3　三点弯曲疲劳试件及实验装置

14.4　试件形状和尺寸

1. 试件形状

凡是具有 K_I 标定表达式且便于测试的试件，都可以用来测定 K_{IC}。GB 4161—1984 国家标准规定了四种标准试件：三点弯曲试件、紧凑拉伸试件、C 形拉伸试件，以及圆形紧凑拉伸试件。三点弯曲试件具有容易加工和便于加载的优点，平面应变断裂韧度 K_{IC} 的测定常采用三点弯曲试件，它的简图如图 14－3 所示。

2. 试件尺寸

大量实验结果表明，一般情况下，材料的临界应力强度因子 K_{IC} 与试件厚度 B、裂纹长度 a 和韧带宽度$(W-a)$均有关。只有当试件尺寸满足平面应变和小范围屈服的力学条件时，才能获得稳定的 K_{IC} 值。为此要求

$$\left.\begin{array}{l} B \\ a \\ (W-a) \end{array}\right\} \geqslant 2.5\left(\frac{K_{IC}}{\sigma_Y}\right)^2$$

式中，B 是由平面应变条件对厚度的要求，a 和$(W-a)$是小范围屈服条件对裂纹长度和韧带宽度的要求，σ_Y 为屈服极限 σ_S 或名义屈服极限 $\sigma_{0.2}$。因为材料的 σ_S 或 $\sigma_{0.2}$ 是已知的，故只要估计一个 K_{IC} 值就可确定试件的厚度 B。若 K_{IC} 值难以估计，则可按 GB 4161—1984 推荐的数据，按 σ_{ys}/E 来选择 B。当厚度 B 确定后，标准试件的高度 W 和跨度 S 的尺寸按以下比例确定，即

$$B : W : S = 1 : 2 : 8$$

试件总长 L 应稍大于 S，可取 $L>4.1W$。

14.5 载荷的确定

1. 交变载荷 P_f

为防止在疲劳裂纹尖端形成过大的塑性区而使裂纹尖端钝化，必须对在预制疲劳裂纹时所施加的交变载荷的最大值加以限制。通常规定交变载荷的最大值在裂纹尖端产生的应力强度因子 $K_{f\max}$ 不大于 $0.6K_{IC}\sim0.7K_{IC}$，这一要求只在后一半疲劳裂纹的预制过程中得到满足即可，为了使裂纹及早形成，开始时可以施加较大的载荷。应该注意的是，在按照上述要求估算预制疲劳裂纹所加交变载荷的最大值时，不能采用在选择 B 时所取的 K_{IC} 估计值，而要取一个偏小的值。

取预制疲劳裂纹所加交变载荷的应力比 $R\leqslant0.1(R=P_{f\min}/P_{f\max})$，按下述方法估算预制后一半疲劳裂纹所施加的交变载荷：选定 K_{IC} 估计值，按 $K_{f\max}=0.6K_{IC}\sim0.7K_{IC}$ 计算 $K_{f\max}$，再将 $K_{f\max}$ 和 $a/W=0.5$ 代入试件的 K_I 计算公式中计算出对应的 P，即为所加交变载荷的最大值 $P_{f\max}$，而交变载荷的最小值则为 $P_{f\min}\leqslant0.1P_{f\max}$。

2. 静载荷 P_l 和动载荷 P_a

静载荷 P_l 和动载荷 P_a 可分别按以下两式确定

$$P_l=P_{f\min}+0.5\times(P_{f\max}-P_{f\min})$$
$$P_a=0.5\times(P_{f\max}-P_{f\min})$$

14.6 实验步骤

① 试件外形尺寸的测量。试验前用卡尺在裂纹前缘韧带部分测量试件厚度 B 三次，测量精度精确到 $0.1\%B$ 或 0.025 mm，取其较大者，计算平均值。在切口附近测量试件宽度三次，测量精度精确到 $0.1\%W$ 或 0.025 mm，取其较大者，计算平均值。测出机制裂纹长度 a_0。

② 在平台上，用高度尺对试件画三条水平平行线，第一根过 a_0 的端点作水平线，然后每隔 1 mm 画一根水平线。

③ 装好试件，调好跨度 S，使机械切口对准 $S/2$ 处。

④ 按高频疲劳机操作步骤加静载荷 P_1。

⑤ 启动动载荷部分，选好共振频率，5 min 后按疲劳机动载控制部分操作规定加动载荷 P_a。

⑥ 调好镜式引伸仪，使机制裂纹及端点画线清晰为好，仔细观察疲劳裂纹的形成。当主裂纹形成后，减小 $10\%P_a$；当疲劳裂纹扩展到 1.5 mm 处时，立即关闭振动开关和动载荷开关，然后卸掉静载荷，取下试件。

14.7 实验结果处理

取下试件后，认真测量表面疲劳裂纹长度 a_f，满足要求后就可准备在试件上粘贴刀口，准

备下一步测量 K_{IC} 的工作。

14.8 注意事项

① 在预制裂纹过程中，操作者不得离开设备，应随时观察裂纹扩展的进展情况，观察载荷有无变化，如与预定不符，立即调整。

② 疲劳裂纹不宜过长，当表面 a_f 达到 1.5 mm 时，试件中心可能已达到 2 mm，如果裂纹过长，会使载荷及扩展速率失稳，整个实验失败。

第 15 章　平面应变断裂韧度 K_{IC} 的测定

15.1　实验目的

利用预制好疲劳裂纹的试件测定金属材料的平面应变断裂韧度 K_{IC}。

15.2　实验设备

① 万能材料试验机；
② 动态电阻应变仪、$x-y$ 函数记录仪、载荷传感器及夹式引伸计；
③ 游标卡尺。

15.3　实验原理及装置

对于三点弯曲试件，应力强度因子 K_I 的表达式为

$$K_I = \frac{FS}{BW^{3/2}} Y_1(a/W)$$

式中，S、B、W 及 a 分别为试件的跨度、厚度、宽度及裂纹尺寸（见图 14－3）；F 为作用于试件中点的集中力；$Y_1(a/W)$为形状修正系数，其值可查表 15－1 得到。

表 15－1　$Y_1(a/W)$数值表

a/W	$Y_1(a/W)$	a/W	$Y_1(a/W)$
0.450	2.29	0.505	2.70
0.455	2.32	0.510	2.75
0.460	2.35	0.515	2.79
0.465	2.39	0.520	2.84
0.470	2.43	0.525	2.89
0.475	2.46	0.530	2.94
0.480	2.50	0.535	2.99
0.485	2.54	0.540	3.04
0.490	2.58	0.545	3.09
0.495	2.62	0.550	3.14
0.500	2.66		

随着外载荷 F 的增加，K_I 随之增加。然而 K_I 的增加不是无限的，这种增加受到材料性能的限制，即当 K_I 增加到某一临界值时，裂纹就会失稳扩展引起材料脆断。这个临界值代表金属材料抵抗裂纹失稳扩展的能力，也就是材料的断裂韧度 K_{IC}。所以在测试时，只要在试件

的加载过程中，测出裂纹失稳扩展时的临界载荷 F_Q 和试件裂纹尺寸 a，就可以求出试件材料的临界应力强度因子 K_Q。如果试件尺寸满足平面应变和小范围屈服条件，则此时的临界应力强度因子即为该材料的平面应变断裂韧度 K_{IC}。

具体的做法是：对预制有疲劳裂纹的试件加载，在加载过程中用仪器记录下载荷增加和裂纹扩展情况的 $F-V$ 曲线（V 为裂纹嘴张开位移）；根据曲线上裂纹失稳扩展时（临界状态）的载荷 F_Q 及试件断裂后测出的预制裂纹长度 a，代入应力强度因子 K_I 的表达式，可得

$$K_Q=\frac{F_Q S}{BW^{3/2}}Y_1(a/W)$$

然后再根据规定的判据来判断 K_Q 是否是平面应变状态下的 K_{IC}，如果不符合判据的要求，则需加大试件的尺寸重做实验。

实验装置如图 15－1 所示。

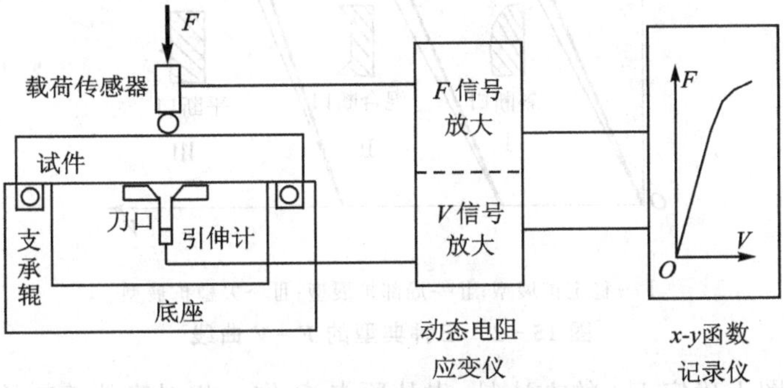

图 15－1　实验装置（三点弯曲试件）

15.4　实验步骤

① 实验前先清洗裂纹嘴两侧，用胶将刀口粘到试件上。

② 试验前用卡尺在裂纹前缘韧带部分测量试件厚度 B 三次，测量精度精确到 0.1%B 或 0.025 mm，取其较大者，计算平均值。在切口附近测量试件宽度三次，测量精度精确到 0.1%W 或 0.025 mm，取其较大者，计算平均值。

③ 安装三点弯曲试验支座，使加载线通过跨距 S 的中点，偏差为 1%S，而且试件与支承辊的轴线应成直角，偏差在±2°以内。

④ 将载荷传感器和引伸计的接线分别按“全桥法”接入动态应变仪，并进行平衡调节。用动态输出档将载荷及位移输出信号分别接到函数记录仪的“Y”和“X”的接线柱上，调整好函数记录仪的放大比，使记录曲线的初始斜率在 0.7～1.5 之间，并使画出的曲线大小适中。

⑤ 对试件缓慢而均匀地加载，一般试验机速度为 0.5～2 mm/min，以使 K_I 的增长速率不会太快。加载时必须在 $F-V$ 曲线上记录下某一载荷的数值和断裂载荷的数值，用来对 $F-V$ 曲线图上的载荷进行标定。

⑥ 加载至试件被压断，取下 $F-V$ 曲线图进行分析处理。

15.5 实验结果的分析及处理

1. 裂纹失稳扩展时的临界载荷 F_Q

由于试件厚度与材料韧性的不同，故从函数记录仪中所得的 $F-V$ 曲线主要有三种类型，分别对应于三种断口外貌（见图 15－2）。

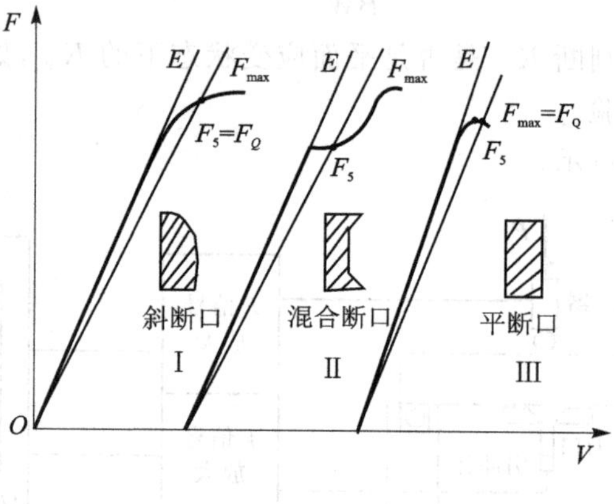

Ⅰ—稳定扩展型；Ⅱ—局部扩展型；Ⅲ—失稳扩展型

图 15－2　三种典型的 $F-V$ 曲线

从 $F-V$ 曲线图上确定 F_Q 的方法是：先从原点 O 作一相对直线 OE 的斜率减少 5% 的直线来确定裂纹失稳扩展载荷 F_Q，直线与 $F-V$ 曲线的交点为 F_5，如果在 F_5 之前没有比 F_5 大的高峰载荷，则 $F_Q=F_5$（见图 15－2 中曲线Ⅰ）；如果在 F_5 之前有一个高峰载荷，则取这个高峰载荷为 F_Q（见图 15－2 中曲线Ⅱ和曲线Ⅲ）。

2. 测定裂纹长度 a

与临界载荷 F_q 对应的裂纹长度为 a_q，计算时可取初始裂纹长度 a，直接从断后试件上量出。试件断裂后，可观察到裂纹长度沿厚度 B 方向呈弧状，如图 15－3 所示。

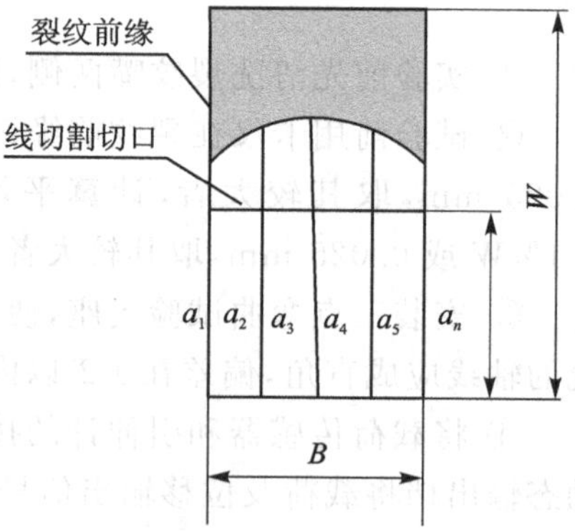

图 15－3　裂纹前缘

为了能利用前述应力强度因子公式（公式中的 a 对应着平直前缘裂纹的长度）来计算试件的 K_{IC}，需要确定与试件实际前缘裂纹相等效的平直前缘裂纹长度 a。可取等效平直前缘裂纹长度

$$a=\frac{1}{2}(a_2+a_3+a_4)$$

式中，a_2、a_3、a_4 分别为沿厚度方向 $B/4$、$B/2$、$3B/4$ 处的裂纹长度。

3. 计算条件断裂韧性 K_q

按 a 与 W 的值查表 15－1 得出 $Y_1(a/W)$ 的值，根据 $Y_1(a/W)$ 与 F_q 的值可计算出 K_q。

4. 判断 K_q 的有效性

判断的条件是：

① 对试件厚度、裂纹长度和韧带尺寸的要求为

$$B,a,(W-a)\geqslant 2.5\left(\frac{K_q}{\sigma_{ys}}\right)^2$$

② 对载荷比（试验的最大载荷 F_{max} 与条件临界载荷 F_q 之比）的要求为

$$F_{max}/F_q\leqslant 1.10$$

若上述条件中有一项不满足，则试验无效，这时应取厚度为原试件厚度 1.5 倍的标准（或比例）试件重做试验。当上述条件全部满足时，K_q 即为材料的平面应变断裂韧度 K_{IC}。

15.6 试验报告

试验报告应包括：

① 试验材料的冶金状态、规格、取样部位及试件取向，常规力学性能及相应于试验温度下的被测材料的力学性能（如屈服强度）。

② 试件类型。试件厚度 B、宽度 W、加载跨距 S、原始韧带宽度（$W-a$）。

③ 疲劳预制裂纹开始和终止时的 $F_{f\,max}$、$\frac{F_{f\,min}}{F_{f\,max}}$、$\Delta K$（$MPa\cdot m^{\frac{1}{2}}$），以及载荷循环次数和频率。

④ 试验温度和环境。

⑤ 加载速率（mm/min）与加载时间（min）。

⑥ 疲劳裂纹及相关规定执行情况。

⑦ 断口形貌。

⑧ 有效性检。

⑨ 分析讨论。

第16章　高次超静定钢架的应变测试及应力分析实验

本实验属综合性、设计性实验项目，涉及理论力学、材料力学、工程力学、实验力学和电测技术等多门基础知识。

实验的主框架是一个口字形钢架，这是一个三次超静定的力学结构，若在内框中增加2个纵向支撑，则该结构成为五次超静定的力学结构；若在内框中横向再增加三个支撑，则该结构成为八次超静定的力学结构。对于目前的理论计算，本科生在学习了多学时的材料力学之后，也只能解决三次超静定结构，而对于再高次的超静定问题，就很难解决了，因此可采用通过电测的方法来测量应变及应力的实验进行分析，因为在弹性范围内，应力与应变成正比关系，这就验证了胡克定律；而把这种基本技能运用到复杂的结构中，实测出各个不同截面的应变值，再利用广义的胡克定律，就可计算出实测的主应力大小及方向，从而解决理论计算难以办到的实际工程问题，如大型工程桥梁、大跨度的钢结构工程的验收问题。

16.1　实验目的

① 根据理论分析出结构在外加载荷下的危险截面及危险点，在危险点粘贴单应变片或直角应变花。

② 选择加载方式：中点加压，三点弯曲（在同一组实验中，选择一种加载方式）。

③ 选择结构形式：基本结构形式□形、⊞形、⊞形。

④ 根据实测的应变结果，代入胡克定律或广义胡克定律公式计算出实测应力。

⑤ 将实测应力结果与理论分析计算结果进行比较。

16.2　实验原理

1. 加载方式

可任意选择中点加压或三点弯曲加载方式。

2. 结构形式

① 基本结构形式如图16－1所示。

② 中点加压加载的⊞结构形式如图16－2所示。

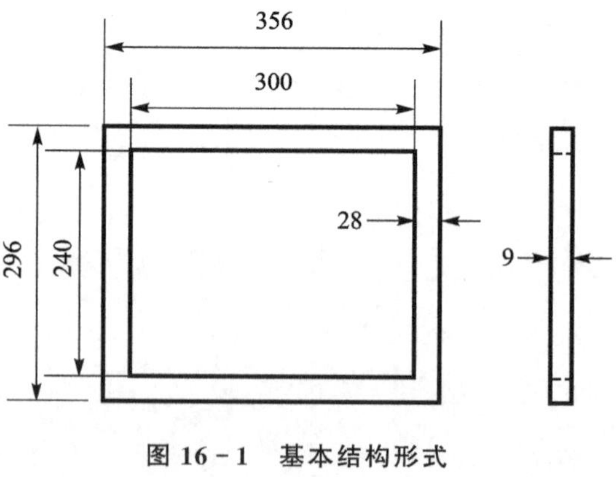

图16－1　基本结构形式

③ 三点弯曲加载的⊞结构形式如图16－3

所示。

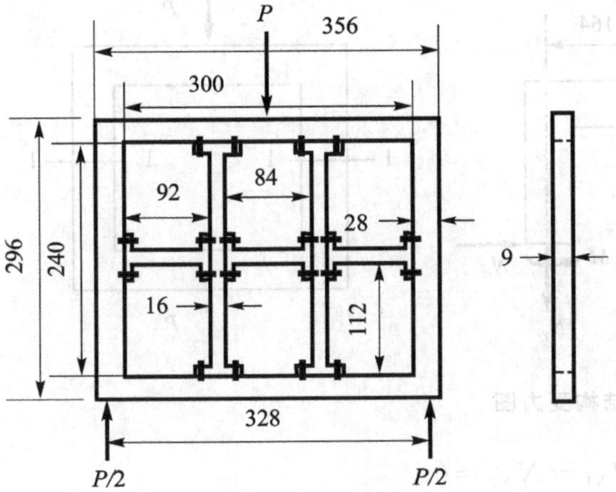

图 16－2　中点加压加载田结构形式

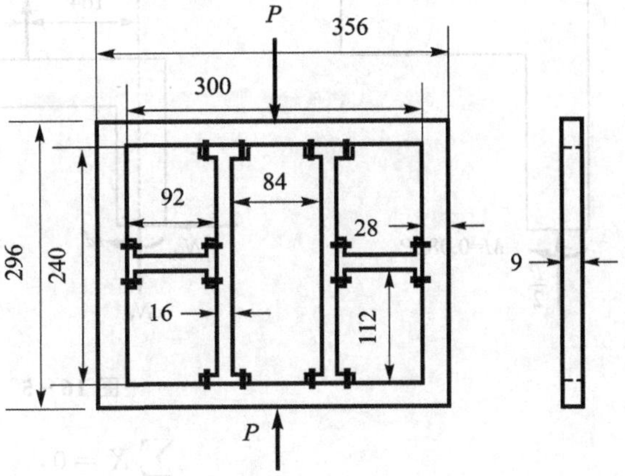

图 16－3　三点弯曲加载结构形式

3. 粘贴应变片位置

粘贴应变片位置如图 16－4 所示。右边框架粘贴三个单向应变片(内侧为 1 号片、中心线上为 2 号片、外侧为 3 号片)。

左边边框上粘贴一个直角应变花(4 号片为 0°片，5 号片为 45°片，6 号片为 90°片)，上边框中点底部粘贴 7 号片，下边框中点上表面粘贴 8 号片，左边纵向支撑杆粘贴 9 号片，右边横向支撑杆粘贴 10 号片。

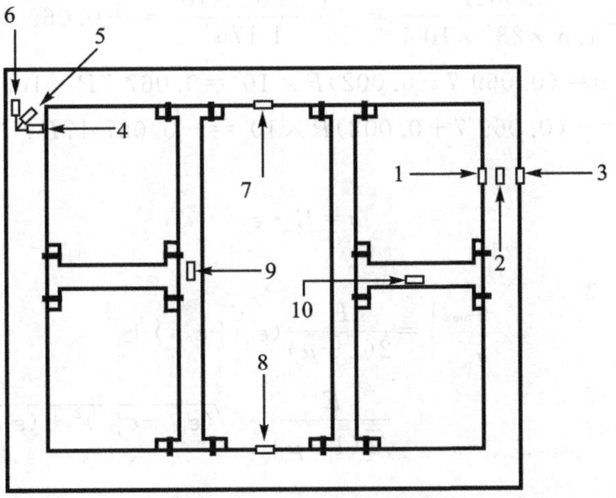

图 16－4　应变片位置

4. 结构受力分析

结构受力图如图 16－5 所示。

根据结构对称性有

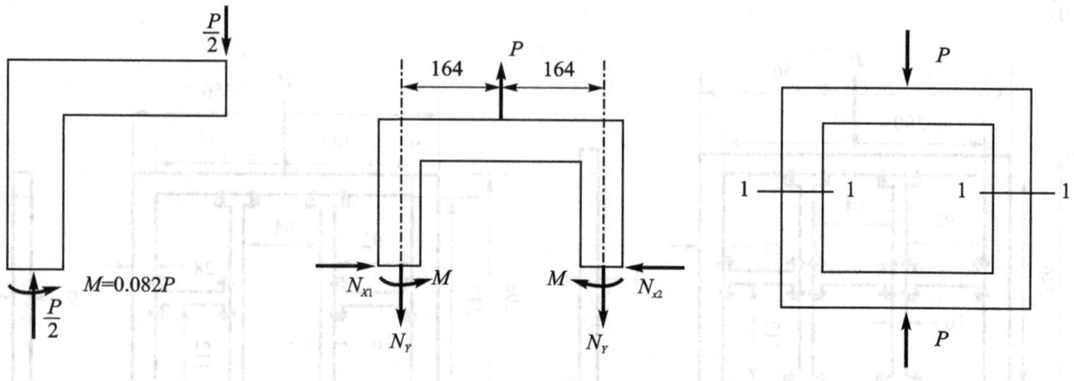

图 16－5 结构受力图

$$\sum X=0,\quad N_{X1}=N_{X2}=0$$

$$\sum Y=0,\quad N_Y=\frac{P}{2}$$

$$\sum M_0=0,\quad M=\frac{P}{2}\times 0.164=0.082P$$

1—1 截面轴力产生的压应力为

$$\sigma_{压}=\frac{\frac{P}{2}}{28\times 9\times 10^{-6}}=\frac{P\times 10^6}{504}=0.002P\times 10^6$$

弯曲应力为

$$\sigma_{弯}=\pm\frac{0.082P}{1.5\times 28^2\times 10^{-9}}=\pm\frac{P\times 82\times 10^6}{1\ 176}=\pm 0.069\ 7P\times 10^6$$

外侧应力为 $\sigma=(0.069\ 7-0.002)P\times 10^6=0.067\ 7P\times 10^6$

内侧应力为 $\sigma=-(0.069\ 7+0.002)P\times 10^6=-0.067\ 17P\times 10^6$

实测应力如下：

单片

$$\sigma=E\cdot\varepsilon$$

应变花

$$\left.\begin{matrix}\sigma_{max}\\ \sigma_{min}\end{matrix}\right\}=\frac{E}{2(1-\mu)}(\varepsilon_{0^\circ}+\varepsilon_{90^\circ})\pm \frac{E}{\sqrt{2}(1+\mu)}\cdot\sqrt{(\varepsilon_{0^\circ}-\varepsilon_{45^\circ})^2+(\varepsilon_{45^\circ}-\varepsilon_{90^\circ})^2}$$

应力方向为

$$\tan 2\alpha_0=\frac{2\varepsilon_{45^\circ}-\varepsilon_{0^\circ}-\varepsilon_{90^\circ}}{\varepsilon_{0^\circ}-\varepsilon_{90^\circ}}$$

16.3 实验步骤

① 试验机准备：熟悉 50 kN 电拉机的操作步骤，装好钢架，加载采用程控。

加载速度为 0.5 mm/min,加载载荷 200 N、400 N、600 N、800 N、1 000 N 各分别保持 60 s。

② 连接桥路:各个应变片连接到静态应变仪的各个通道 A、B。共用补偿温度片,在未加载前对各个通道清零。

③ 新建试件:输入参数。

④ 试件测试:采用程控加载,在各个保载点 60 s 内记录下各个通道应变片的应变读数,填入表 16-1 中。

表 16-1 实现数据记录表(应变测试)

应变片序号	200 N($10^{-6}\varepsilon$)	400 N($10^{-6}\varepsilon$)	600 N($10^{-6}\varepsilon$)	800 N($10^{-6}\varepsilon$)	1 000 N($10^{-6}\varepsilon$)
1					
2					
3					
4					
5					
6					
7					
8					
9					
10					